BASICS

WATER CYCLES

물 순환의 기초

BASICS

WATER CYCLES
물 순환의 기초

Doris Hass-arndt 저

반상철 옮김

Spacetime

차례 CONTENTS

\\ 머리말 _7

\\ 0. 서론 _9

\\ 1. 물의 공급_11
\\ 1.1 자연의 물순환 _11
\\ 1.2 음용수(상수)의 기준 _12
\\ 1.3 상수에 대한 요구 조건 _13
\\ 1.4 상수의 절약 _14

\\ 2. 건물 내에서의 상수 시스템 _16
\\ 2.1 상수 공급시스템의 구성요소_17
\\ 2.2 온수 시스템_27
\\ 2.3 위생관련 실들_39

\\ 3. 하수_53
\\ 3.1 건물 내 하수파이프 장치_54
\\ 3.2 하수처리 방식_62
\\ 3.3 우수의 처리_68
\\ 3.4 하수의 재활용_74

\\ 4. 결론_80

\\ 부록
\\ 참고문헌_81
\\ 기술기준_82
\\ 그림출처_83

머리말

건물에서 음용수(상수)의 효율적 활용은 선진화되고 산업화 된 국가들에서는 당연시 되고 있다. 그러나 아직도 세계 많은 국가에서는 음용수를 가치 있는 상품으로 인식되지 못하고 있다. 음용수의 집수와 처리는 산업화 된 국가들과 아울러 그 소비자들에게도 그 가치가 증가하고 있는 추세이다. 유사한 경우로서 하수의 처리와 정화는 하수에 포함되어 있는 물질들 때문에 점차 자원의 강화와 복합화가 이루어지고 있다.

음용수와 하수 사이의 상호연계는 건축가가 디자인을 결정하는 중요 요소로서 건물 내에서 사용하는 물의 공급, 사용 그리고 처리 등으로 나타난다. 공급과 처리관로 작업, 기술적 요구사항 등은 위생공간과 주방 주변에 영향을 미치게 된다. 물의 지나친 사용을 피하는 것은 건축물의 설비계획에 있어 기술적 측면에서 중요한 점이다.

물 소비를 감소시키기 위한 요구조건들과 기능성에 대한 폭 넓은 지식을 갖추는 일은 건물 설계에 있어서 그 시작단계부터 중요한 과제로 고려해야 한다는 점에서 필수적이라 할 것이다. 이것은 특히 기술적인 시스템과 마찬가지로 상호관련성과 의존성과 같은 것들도 이해해야 한다는 점을 포함하고 있다. 디자인 통합의 분여로서 건물에서의 물 순환에 대한 인식은 중요한 것이다.

물 순환의 기본원칙이라는 책은 건축설비에 대한 사전 지식이 부족한 건축전공 학생들과 이제 막 졸업한 건축인들을 위해 쓰인 것이다. 쉽게 기술된 서문과 설명의 도움을 받아 독자들은 한발씩 주요 과제들을 습득하게 될 것이다. 건물의 여러 구역을 통과하게 되는 물의 통로들은 그 각각의 특수한 역할과 요구에 따라 계획되고 연계될 것이다. 이러한 것들을 알게 되면 학생들은 그것들의 상호관련성을 충분히 이해하게 될 것이고 자신들의 설계에 반영할 수 있을 것으로 기대한다.

베르트 비엘레펠드, 편집자

0. 서론

현대의 건축물에서 기술적 서비스 분야는 음용수(상수)를 공급하고 하수를 배출하는 하나의 복잡한 파이프 시스템이라고 할 수 있다. 이 시스템은 약간 자연의 물 순환체계와 유사한 순환체계를 가지, 템 작업을 통해 분배되며 필요시에는 온수로 되기도 한다. 욕실, 주방과 다른 위생관련 공간 등 물을 필요로 하는 곳에 배관이 집중된다. 수도꼭지를 통해 물이 나오자마자 하수가 되게 되고 그것은 파이프가 설치된 하수통로를 통해 흘러서 하수구로 흘러간다. 거기에서 다시 정화되면 마침내 자연의 물 순환과정이 되는 것이다. 건축가는 건물을 디자인 할 때 이러한 과정을 포함해야 하는데, 신중하게 계획되지 않고 상수와 하수시스템을 적절하게 처리하지 못하게 된다면 화장실 물은 잘 배수되지 않을 것이며 세탁기는 작동되기 어려울 것이고 샤워기의 물은 나오지 않을 것이다.

이 책의 각 장에서는 물의 순환에 따라 건물에서 물에 대한 독자적인 위치를 고려하게 되고 이 시스템과 연계해서 각 구성 요소들의 기능이 만들어짐을 설명하고 있다. 음용수의 공급체계는 어떻게 만들어지며, 그것이 건물에서 어떻게 설계에 반영되는가를 명확하게 설명되어야 하고 각각의 내용을 충분히 고려해야 할 것임을 알려주고 있다. 아울러 하수는 어떻게 만들어지고 배수체계에 어떻게 연계되는가 하는 내용과, 물의 공급과 배수과정에서 발생되는 모든 문제들과 그 해결방안을 위한 선택조건 등이 기술되어 있다.

1. 물의 공급

대략 지구표면의 2/3가 물로 덮여 있다. 이 중 단지 0.3%만 신선한 물로서 음용수로 가능하다. 여기에서 음용수 즉 상수란 사람이 마시기에 적합한 매우 양질의 신선한 물을 말한다.

1.1 자연의 물순환

자연의 물순환 –혹은 수리(水理)시스템–은 연속해서 기화와 강우가 일어나는 경로라고 할 수 있으며, 우수가 하천과 같은 개방된 곳으로 흐르거나 지하수로 축적되도록 땅속으로 스며드는 것을 말한다. 물의 기화는 태양광이나 다른 열에 의한 영향으로 발생되며 이는 구름을 형성하고 강수가 되어 지구표면에 다시 떨어지게 된다. 지표면에 스며든 약간의 우수는 땅에 흡수되고, 일부는 기화되며 또 일부는 모세관 작용으로 식물에서 빨아들이게 된다. 그 비율은 토양층에서 더 낮게 되어 지표수를 유지시켜준다. › 그림 1 참고

지표수
Groundwater

강수량으로 나타나는 지표수는 불침투성 지층위에 고이게 되고 일 년 내내 섭씨 8–10도 사이의 온도를 유지 하고 있다. 지표수는 일반적으로 미생물이 없고 깊은 우물에서 표면으로 뽑아 올리게 된다. 우리가 먹는 물의 3/4을 공급하는데 공공에게 공급망을 전개하기 전에 여러 단계의 정화와 여과과정을 거치게 된다.

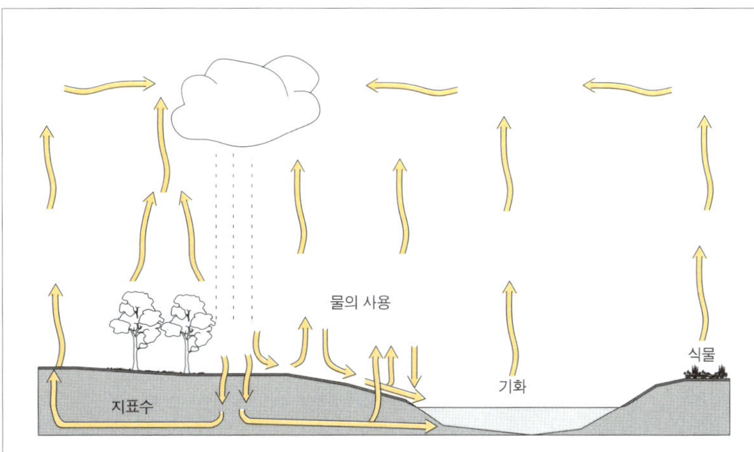

그림 1:
물의 자연순환

도시지역의 대지 표면은 대부분 지표수가 없어지고 포장에 의해 넓은 영역에 침투가 차단되어 있어 자연적인 물순환 체계에 막대한 영향을 미치게 된다. 불침투성 구역에 내린 비는 지표수로 자연스럽게 흡수되지 않고 개방된 하천이나 하수관으로 바로 유입되어 버린다. 지하수면은 건설 개발, 삼림벌채, 하수관로 작업 등에 의해 급격히 줄어들고 있다.

아울러 농업, 산업용수로 지하수의 사용량이 늘어남에 따라 이에 의해 초래되는 각종 공해는 이 시스템에 해를 끼치게 된다. 비료, 살충제, 매립, 자동차전용도로 하수, 산업폐기물 배출 등과 같은 원인에 의해 발생되는 공해들은 산성비를 내리게 하고 지표에 스며들어 심각한 사회적 문제를 일으키기도 하고 정화와 여과에 많은 경비를 쏟아야만 제거될 수 있게 된다. 물 사용의 높은 증가추세에 따라 물에 함유된 오염요인의 증가는 생태적 불균형과 높은 비용부담의 결과를 낳게 된다.

1.2 음용수(상수)의 기준

우리가 소비하는 상수는 어떤 기준이 있어야 할 것이다. 좋은 맛과 함께, 냄새와 색깔이 없으며 병균과 미생물도 없어야 한다. 이 모든 조건의 핵심은 충분히 충적된 양질의 상수가 제공되어야 한다는 것이다. 소독을 위한 화학첨가물과 다른 구성요소들의 양은 EU국가들이 만든 EU지침과 지역별 음용수 규정에 따른 제한 조건을 따라야 할 것이다. 수질과 함유물질의 제한조건들은 음용수에 대한 국가별 기준에 따라 정기적으로 검사가 이루어진다. 상수의 질에 대한 이 기준은 계속해서 변화되며, 오늘날 공해수준은 많은 문제를 야기해 비용이 증가해야 함을 의미한다.

경화수준
Hardness Level

칼슘, 마그네슘이 다량 함유된 물을 경수(硬水 :hard)라 하고 이 두 물질이 적게 함유된 물은 연수(軟水:soft)가 된다. 경수 수준이 높으면 관망에 미네랄이 축적되고, 이 퇴적물을 물때라고 한다. 경수로 세탁을 하거나 식기세척기를 사용할 때는 접시의 얇은 막까지 제거하는 등 보다 신중하게 세척해야 한다.

\\ 참고:
아스팔트 같은 포장은 불투수성이고, 밀실하게 투수가 차단되어 지하수가 지속적으로 보충되는 것을 막는 결과를 낳고 있다.

\\ 참고:
EEU위원회규정 98/83(EU음용수지침)은 사람이 소비하는 상수의 질에 주목하고, 모든 회원국들에게 점차적으로 법제화할 것을 강력하게 권고하고 있다.

표 1:
경수의 범위

경수범위	mmo 1/1 경수	정도 표현
1	〈1. 3	soft
2	1. 3 -2. 5	medium hard
3	2. 5 -3. 8	hard
4	〉3. 8	very hard

물의 경수화 정도는 mmo1/1(리터당 밀리몰)로 측정된다. 경화수준은 수원(水源)에 따라 달라진다. 〉표-1 참고 한편 중탄산칼슘이 30mg/l 보다 적게 함유된 물은 파이프에 표면방어층을 만들지 않아도 된다. 그 결과 파이프 재료는 산과 부식에 의해 공격받게 된다. 인체건강에서 물의 경수화 영향은 미미한 것으로 되어 있다.

pH 물의 "공격성"에 대한 중요한 측정단위는 pH(라틴어: 수소함유량)이다. pH는 물에 수소이온의 집중정도 또는 더 정밀하게 표현된 것이다. 즉, 수소이온 집중에 대한 부정적 수치라고 할 수 있다. 이 크기에 있어서 신선한 물은 pH 7이고 이는 신선한 물 1리터에 10-7g의 수소이온이 있다는 것이다. pH가 7 이하로 떨어지면 물은 산과 같이 공격성을 띤다. 즉 pH가 높아질수록 물이 하나의 기반으로 작용하게 되어 석회가 점점 많이 쌓이게 된다.

1.3 상수에 대한 요구 조건

19세기에 독일은 1인당 하루에 마시고 위생에 사용하는 물의 양이 약 30리터였다. 이에 비해 오늘날은 130리터에 달하고 있다. 이는 세척, 샤워, 수세변기 등 위생의 편의성에 그 원인이 있다고 할 수 있다. 이러한 소비추세는 의심의 여지 없이 매우 높지만, 최근 욕실과 화장실의 절수장치가 크게 증가되어 이미 줄어드는 추세이다. 그러나 산업, 상업, 농업 등에서는 물의 사용이 증가하고 있다. 농업용지의 관개용 물은 전 세계 상수의 가장 큰 소비처이다.

산업화된 국가들에서는 거의 대부분의 건물들이 공공의 상수공급망과 연결되어 있다. 매년 상수로 공급되는 수십억 용적의 물이 자연의 물 순환 체계에서 빠져나가고 있다. 이의 대부분은 지하수와 하천과 같은 곳에서 공급되며 나머지는 강변의 여과장치에서 조달된다. "개방된 물"이란 용어는 강이나 호수를 말하며, 그 물은 보통 박테리아, 기계적으로 파쇄된 흙을 포함하고 있고, 긴 정화과정을 거쳐 상수로 공급되게 된다.

물이 부족한 도시와 지역들은 상수를 멀리 떨어진 곳에서 공급받게 된다. 동시에 도시의 대부분이 불침투성 포장이 됨으로써 우수의 대부분이 바로 하수구로 향하게 된다. 특히 이러한 지역에서 많은 상수의 공급에 어려움이 있기 때문에 부득이 상수 사용량을 줄이기를 요구받게 된다.

가정에서 요구되는 일일 상수사용량은 여러 용도로 나누어질 수 있다. 실제 소비되는 전체양은 전체에서는 아주 낮은 비율이라고 할 수 있다. 겨우 5리터의 물이 마시고, 요리하고 또 다른 목적에 사용될 뿐이다. 하루 동안 지붕과 홈통에서는 물이 흘러 저수조에 저장되게 된다.

보통의 주거지역에서 요구되는 평균 온수량은 하루 1인당 30-60리터 정도이다. 이는 사용자의 생활습관에 따라 그리고 날마다 큰 차이가 있다. 욕실에서는 섭씨 40도 정도의 온수가 120에서 180리터 필요하다. 5분 샤워에는 37도의 물이 40리터 정도 소비 된다. 에너지와 음용수는 욕조 대신 샤워를 선택함으로써 절약될 수 있는 것이다.

1.4 상수의 절약

오늘날 상수의 절약을 위해 많은 위생기술이 개발되어 소개되고 있다. 샤워꼭지에 부착된 물 흐름 조절기, 물 절약용 수전과 변기, 그리고 여러 장비들(세탁

표 2:
상수 표준 사용량

구 분	1인/ 1일 사용량 (리터)
마실 물과 요리	5
기본 개인위생	10
목욕 및 샤워	38
식기 세척	8
청 소	8
세 탁	15
수세식 변기	40
정원 물주기	6
합 계	130

기, 식기세척기 등)에 물 소비를 줄이는 장치가 되어 있다.

지하실에 중앙집중형으로 미터기를 설치하지 않고 각 아파트세대마다 수도 계량기를 설치하게 되는 것도 물 절약의 효과가 있음이 증명되었다. 왜냐하면 사용자들이 직접 자기의 사용량을 확인할 수 있기 때문이다. 즉, 자기가 사용한 만큼 요금을 내기 때문이다. 절수버튼이 부착된 화장실 수조와 각 수전 당 4-6리터의 물을 사용하는 것이 이제 표준화 되었다.

진공형 변기와 같은 보다 진보된 시스템의 적용으로 이젠 수전 당 1.2리터로 사용량이 줄어들었다. 여러 가지 타입이 복합된 변기는 거의 물 사용이 없는 것도 있다. 〉다음 장의 건물에서의 상수시스템 - 위생실 편 참고

상수 사용에 대해 점점 정확한 분석이 이루어지면서 상수의 질을 따지는 물이라는 것이 전체적인 공급량에 비해 가장 낮은 비율에 불과한 것이라는 점을 명확히 알게 되었다. 〉표 -2 참고 깨끗한 상수는 단지 개인위생, 주방에서의 세척, 요리와 마시는 물을 위해서만 필요할 뿐이다. 우수와 같은 물은 수세식 화장실, 청소, 정원수 등에 적합하다. 그러므로 물의 소비는 우수의 사용으로 실질적인 절약효과가 있는 것이다. 예를 들어 샤워나 손을 씻은 물과 같은 다소 더러운 물은 수세식 화장실에 사용될 수 있을 것이다. 〉하수 장에 있는 하수의 사용 편 참고

위생관련 실에 있는 현대화 된 물 절약형 수전의 설치는 하루에 1인이 요구하는 평균 100리터의 물을 절약할 수 있을 것이다. 위에서 언급된 사용량의 내용에 따르면, 편리함의 중요도를 포기함에 따라서 정상적인 음용수 소비의 1/2 정도를 유지할 수 있음을 볼 수 있다.

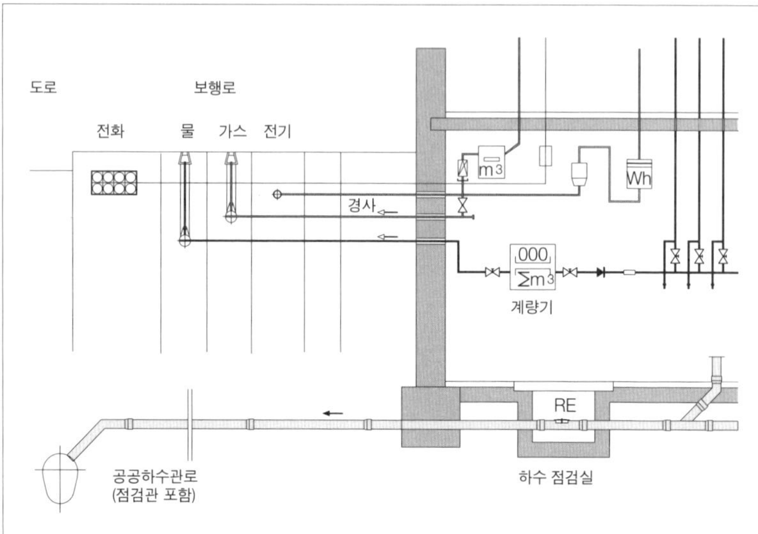

그림 2:
건물 내의 공급 및 분배 관로

2. 건물 내에서의 상수 시스템

건물에서의 물 순환 시스템은 그 구성이 자체적인 공급체계(우물 등)이 아닌 경우에는 대개 정상적으로 공공의 상수공급망에 연결된 파이프를 통해 냉수가 공급되는 것으로부터 시작된다. 좀 더 큰 도시나 거주지에서 공공 상수관로에 연결된 것은 보통 보도 하부 1-1.8m 깊이의 동결심도 하부에 서 이루어진다. 독립된 계획은 자체의 음용수 공급 관을 가지고 있어, 공공의 공급파이프가 건물 안으로 향하고 있지 않고, 그 집의 연결망이나 파이프 마개 그리고 수량계측점까지 갖추게 된다. 〉그림 2 참고 주거지역에서는 파이프가 약 25mm (DN 25)의 작은 직경을 가지고 있다.

몇몇 유럽 국가들에서는 상수의 연결 위치가 주택 담장 근처에 컬러로 구분해서 표시하기도 한다. 이것은 연결부분의 관 종류와 위치를 알기 쉽게 한다. 표기된 선과 번호는 표기 지점부터 상수 연결관까지의 거리와 방향(우측, 좌측, 앞, 뒤 등)을 알려준다. 또 다른 약부호는 정상적인 연결 형태를 표기한다, 즉, 첨부된 숫자는 내부 파이프의 직경을 표시한 것이다.

미생물을 방지하기 위해 상수를 공급하는 것부터 건물까지는 섭씨 5-15도 사이로 차갑게 유지해야 한다. 온수를 얻기 위해서는 상수가 건물에서 먼저 가열되어야 한다. 여기에서 온수란 섭씨 40에서 90도의 온도를 가진 음용수를 말한다. 개인위생을 위한 물의 온도는 섭씨 40-45도가 적절하고, 반면 식기세척에는 위생효과를 위해 55-85도의 온수가 필요하다.

수압
Water pressure

물 공급회사는 상수를 급수하기 위해 공급망 내에 압력을 발생시킨다. 공공이 공급하는 물의 압력은 보통 6에서 10바(bar)정도이고, 건물의 파이프망 시스템에서 감압기에 의해 5바 또는 그 이하로 낮추어서 공급된다. › 다음 장에 있는 상수 공급시스템의 구성요소 편 참고

이 수치는 장소에 따라 다양하게 적용되고 지침에 따라 얻어질 수 있어야 한다. 급수스위치에서 아주 최소한의 압력이 0.5바 이하로 떨어져서는 안 된다. 그렇게 하지 않으면 물이 적절하게 공급되지 못할 것이다. 파이프망 시스템 상에서 압력이 떨어지는 것은 공급 파이프와 급수점 사이의 높이에 큰 차이가 있는 등의 원인에 의해서 이다. 압력은 매 10m 높이 차이마다 대략 1바씩 떨어지는 것으로 되어 있다.

2.1 상수 공급시스템의 구성요소

주택 연결망
House connection

상수는 서비스덕트와 벽에 만들어진 설비통로에 설치된 것과 바닥공간이나 벽의 홈에 매설된 수직, 수평의 파이프 분배망을 통해 건물의 공급시스템을 통해 공급된다. 그 밖에 물 공급 시스템 구성요소는 수도계량기, 안전장치, 멈춤 밸브, 유입스위치 등이 있다.

공공상수 공급을 위한 설비파이프와 수도계량기는 공급받는 설비부분이고 보통 상수공급회사에서 담당한다. 이 설비 파이프는 건물 내의 최단거리 경로를 선택하고 지나치지 않게 해야 한다. 그래서 쉽게 설치되고 수리할 수 있도록 하는 것이 반드시 필요하다. 안전성의 문제 때문에 파이프 덕트는 외벽면이나 정확하게 각도를 맞춘 건물 기초부를 통과하도록 해야 하며, 그 파이프는 보호슬리브로 둘러싸이게 해야 한다.

\\ 참고:
약자 DN은 모든 파이프 공정 설계에 하나의 부호로 사용된다. 즉, 파이프의 "표준직경"을 의미한다. 이것은 국가별 규정에 그것은 에 따라야 하고 시스템의 규모에 따라 다르다.

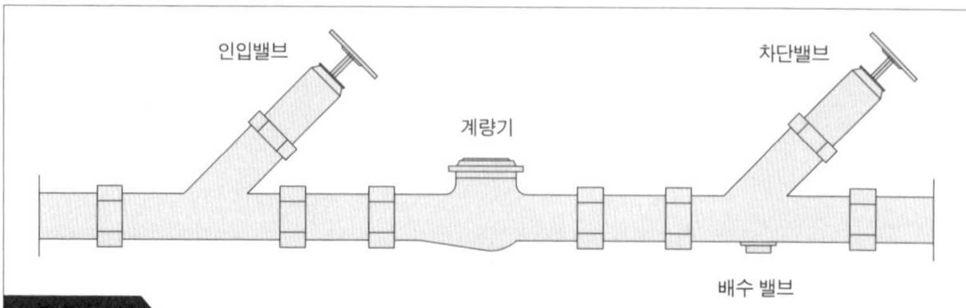

그림 3:
계측 박스 내의 수도계량기

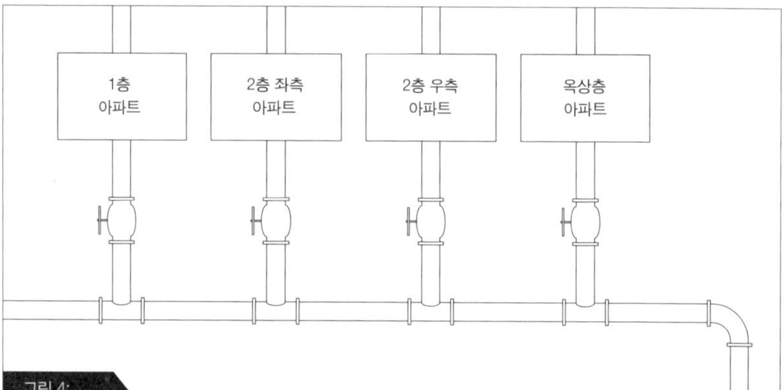

그림 4:
복합분배 시스템에 의한 음용수 세부 분배도

계량기
Water meter

수량측정기 즉 계량기는 공공상수공급마개와 건물의 내부 상수파이프망 마개 사이에 위치시킨다. 이 두 개의 차단밸브는 계량기가 복잡하게 얽히지 않게 해준다. 〉그림 3 참고

건축가의 설계상 역할은 계량기에서부터 시작된다. 계량기는 얼지 않고, 쉽게 설치 점검할 수 있는 곳에 있어야 한다. 즉, 건물의 도로측 벽면에 계량기 박스를 설치해서 쉽게 측정치를 읽을 수 있게 한다. 계량기를 건물 내부에 설치되기 곤란하다면 건물 밖에 계량기 설치박스를 만들어 준다. 이것은 거주자가 부재시에 상수도 회사에서 방문하여 확인 할 수 있는 크기를 확보한다.

분배 복합기
Distribution manifold

상수의 분배시스템에 여러 개의 가압송출기(예를 들어 다층형 아파트의 경우 필요한 시설)가 있다면, 이 복합장치가 또한 각각의 아파트에 공급하기 위해 설치될 것이다. 〉그림 4 참고 상수공급의 세분화에 덧붙여서 종종 마개가 분리된 온수파이프가 있게 된다. (외부에). 만약 필요하다면, 소방용 파이프도 분리하여 설치된다.

복합장치로부터 각 가압송출기에는 어떤 파이프가 어떤 집에 공급하는지를

그림 5:
각 부별로 표기되는 기호 설명도

명확히 하기 위해 번호표를 꼼꼼히 부착해야 한다. 각 송출망에는 시스템 구성요소들을 교체할 때를 위해 자체의 차단밸브를 가지고 있어서 시스템의 나머지가 독립적으로 운행될 수 있도록 한다.

(1) 도면과 기호의 배치

유럽 기준인 EN 806과 국가별 세부기준에는 상수도시스템의 설계도면에 작성되는 설비시스템 구성요소들과 위생기기 설치에 대한 독특한 그래픽기호가 주어진다. 그것들은 건물에 설치되는 구성요소들과 각각의 공간적 위치와 배치 등을 나타내준다. 〉그림 5 참고 이러한 기준들은 국가마다 상이하다. 그 시스템은 상수도 시스템과 관련 파이프망 설치 등을 나타내기 위해 평면과 단면도에 작성되어

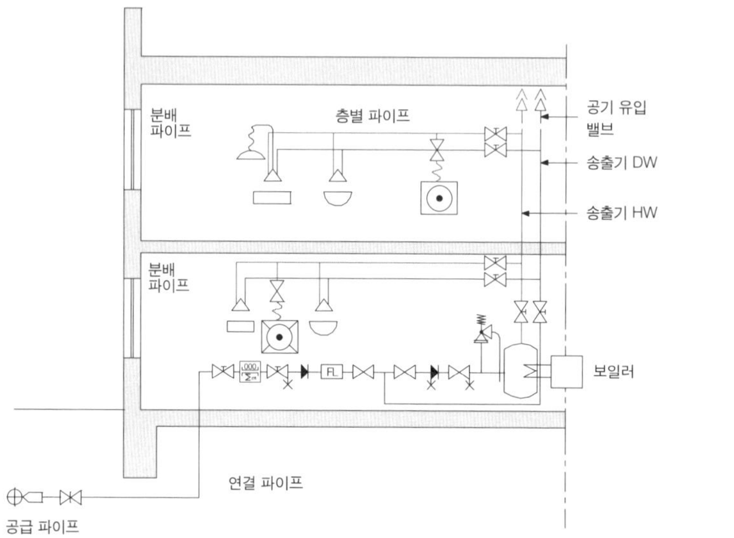

그림 6:
상수도 파이프 경로 단면도

야 한다. 평면에서의 위생기기는 앞쪽의 도면에서 볼 수 있는데, 몇몇 장비들은 평면과 단면의 표기에서 다른 기호로 나타내기도 한다. 도면표기에서 중요한 것은 그 기호들이 사용될 때 쉽게 설명될 수 있어야 한다는 것이다.

단면에서의 표기
Representation in section

단면에서 이 시스템의 표현을 위해서는 가능하면 도식화 되도록 하고 상수에 관한 많은 정보를 포함할 수 있어야 한다. 상수시스템 기호들이 사용되는 경로는 위생 관련 요소들의 실질적인 배치와 일치해야 한다. 기호와 파이프 설치에 관한 것은 공급망과 유출입 지점이 같은 곳이고 하나의 평면처럼 작성되어야 한다.

〉그림 6 참고

평면에서의 표기
Representation in plan

평면에서 이 시스템 도면을 작성할 때, 상승과 하강 파이프를 구분해서 파이프의 흐름방향을 화살표로 나타내서 명확히 하는 것이 중요하다. 〉그림 7 참고 파이프 흐름의 시작과 끝 그리고 각 층으로의 흐름을 볼 수 있어야 한다. 〉그림 8 참고

(2) 파이프 작업 구성요소의 표현

상수시스템에 속한 많은 파이프설치 구성요소는 다른 공급시스템에서는 사용하지 않는 고유한 용어로 설명된다. 〉그림 6 이 중 중요한 용어들은 다음과 같다.

– 공공상수 공급망과 건물 내 주 유출입 마개 사이의 파이프를 위한 설비

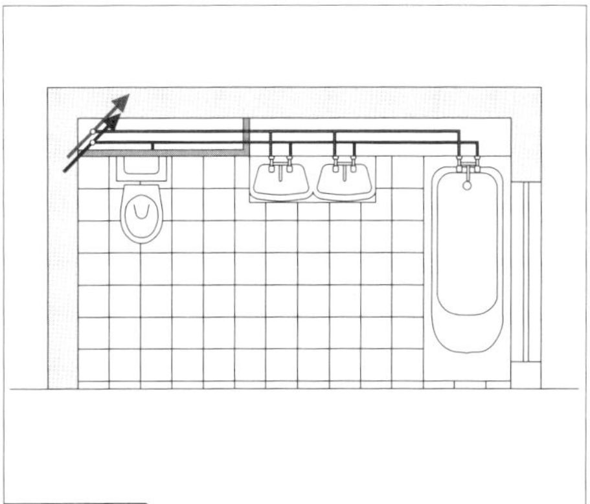

그림 7:
욕실 평면도 파이프 연결망

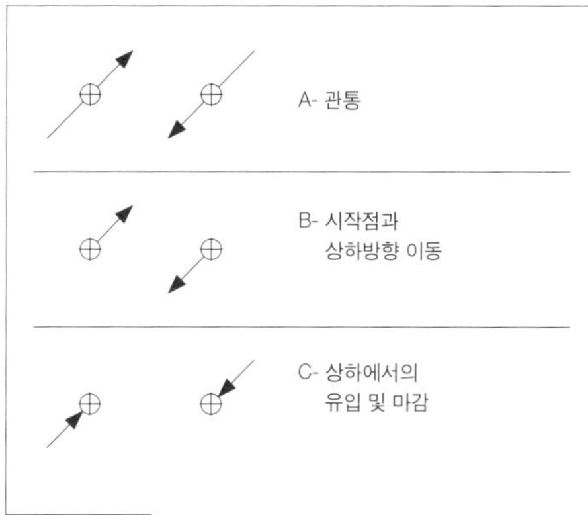

그림 8:
파이프 흐름의 방향 표시

파이프
- 건물을 수직으로 관통하는 파이프를 위한 **상승장치**
- 수평으로 분기해서 **각 층에 공급파이프** 설치
- 유입지점에서 온수를 계속 공급하는 **순환파이프**, 그러나 이것이 항상 필요한 것은 아님
- **분배파이프**란 각 층에 공급하는 수평 파이프에서 유입 지점까지의 수직 파이프를 말함

주거용 건축물에서 상승장치의 내부직경은 DN 20 정도이며, 각 층 공급용 파이프는 DN 15정도이다. 말하자면 20, 15라는 계획 반경은 별개로 구분되어야 한다. 순환용 파이프는 온수가 유입지점에서 바로 사용할 수 있게 해준다.

순환 파이프
Circulation pipes

이것은 순간온수기의 문제점인 많은 양의 냉수가 온수가 생기기 전에 파이프를 통과해서 흐르는 것을 차단하는 이점이 있다. 불리한 점은 파이프 작업에서 물의 순환을 유지하기 위해서 펌프가 계속해서 전기에너지를 소모한다는 점이다. 그래서 타임-스위치 펌프는 온수가 필요할 때만 작동하게 해서 그 영향을 감소시키게 해준다.

(3) 파이프 경로

수평으로의 파이프 경로는 지하실 천정 밑을 통과하거나 바닥마감재 밑으로 지나가게 된다. 좀 더 큰 건물은 바닥덕트를 통과하거나 파이프를 청정 위에 매

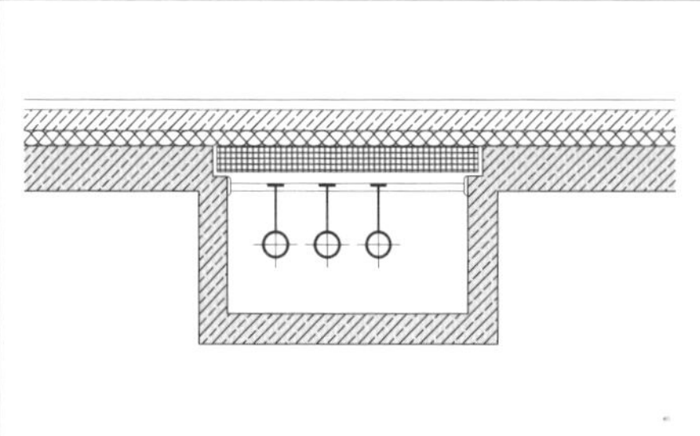

그림 9:
플로어덕트에 파이프 설치

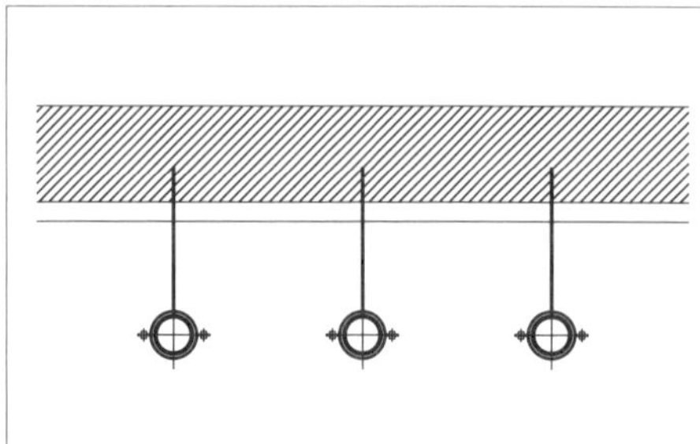

그림 10:
벽 부착형 파이프

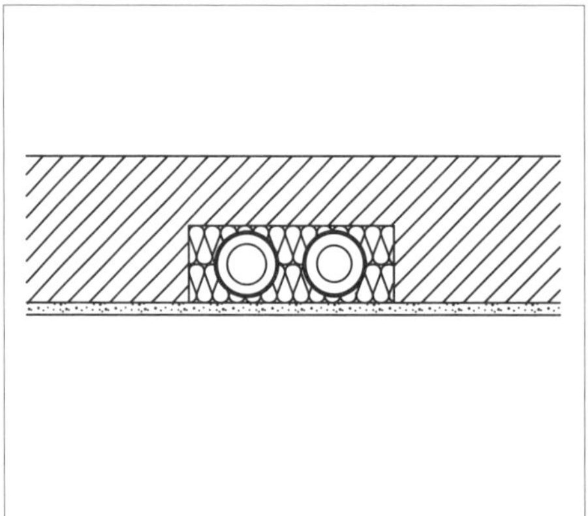

그림 11:
벽 홈에 파이프 고정설치

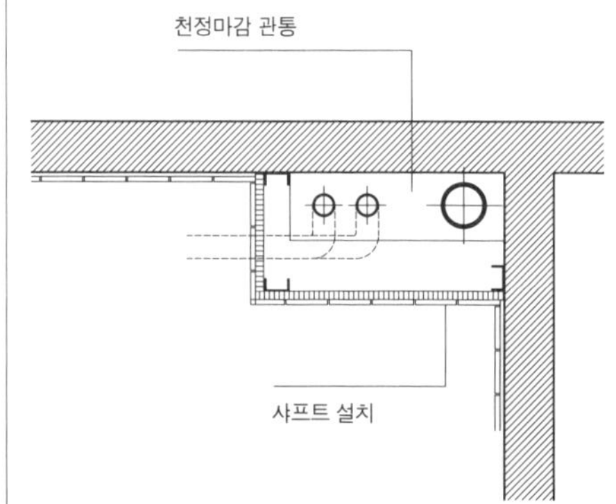

그림 12:
샤프트 내에 파이프

달기도 한다. 〉그림 9 지하실이나 기계실의 수직파이프는 벽에 노출해서 설치한다. 〉그림 10 그리고 샤프트가 설치된 위의 각층들이나 길이가 짧은 곳에는 반 층 높이의 가벽에 숨겨 설치한다. 〉다음장 : 건물에서의 상수시스템, 위생실 들 참고

단단한 벽과 바닥 구조물에서는 단열처리 된 벽의 홈에 파이프를 설치한다. 이 경우 벽의 횡단면이 넓어야 하고, 방해가 되는 구조적 문제가 없어야 한다. 〉그림 11 이 설치방식은 그것이 복잡하고, 소음에 취약하기 때문에 각 위생관련 실에서는 샤프트를 설치하는 것으로 대체시키는 경향이 증가하고 있다. 〉그림 12 샤프트와 비교했을 때 가벽의 설치는 벽의 빈 공간과 반 층 높이로 차단한 곳에 파이프를 설치한 것이다. 반면 샤프트 설치방식은 여러 층을 관통하여 파이프를 설치할 수 있는 장점이 있다. 〉그림 13

(4) 파이프 규격의 산정

파이프의 직경은 일반적으로 연결되는 사용분기점의 수에 따라 결정된다. 〉표 3 그것은 또 동시에 유입하는 양의 예측치와 파이프의 재질, 마찰에 따른 압력 감소, 최소의 흐름 압력에 대한 고려도 또한 중요하다. 이 시스템에서는 가장 멀

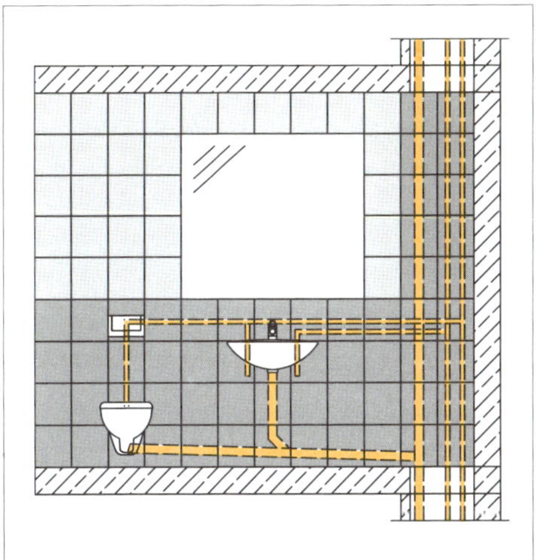

그림 13:
가벽 설치와 샤프트 설치

표 3:
상수파이프의 직경

파이프 종류	개략의 내경
설비 파이프	DN 25 - 32
상향 승압파이프	DN 20
1-5개의 유출입구	DN 20
5-10개의 유출입구	DN 25
10-20개의 유출입구	DN 32
20-40개의 유출입구	DN 40
층별 분배 파이프	DN 15
WC 물탱크 1대	DN 10 to DN 15
세면기 1-2대	DN 15
샤워기 1개	DN 15
욕조 1	DN 20 to 25
정원호스 1개	DN 20 to 25

리 떨어진 상수 유출입지점은 항상 적절히 작동될 수 있는 충분한 압력이 있어야 하는 것과 같이 파이프에 최소한의 흐름 압력이 계획되어져 있어야 한다. 파이프의 마찰압력 손실의 요인은 그 길이에 따라 분기된 파이프의 단면에 있는 압력이 떨어지는 데에 있다.

(5) 재료

건물 외부의 땅속에 있는 오늘날의 상수 파이프는 대개 플라스틱(폴리에틸렌 HD)으로 되어 있다. 왜냐하면 철제는 부식방지 처리를 해야 하기 때문이다. 신개발품으로 다층금속 복합파이프가 있는데 금속(강성)과 플라스틱(부식방지)의 장점을 결합한 것이다.

동(銅), 아연도금철, 스테인리스강 또는 플라스틱 등은 상수용 파이프 재료로서 건물 내부에서 사용된다. 플라스틱 파이프는 유연성이 있고 작은 단면도 가능하며 예리한 각도로 휠 수 있어서 바닥 구조물에도 설치될 수 있다. 이 폴리에틸렌 파이프는 통상 파이프 속의 파이프(pipe-in-pipe)로 설계된다. 즉, 유연성 있는 상수 파이프(PE-X)는 유연성이 추가된 외피보호막 파이프(PE-HD)로 둘러싸여 지고, 필요시에는 보호용 파이프를 제거하고 교체할 수 있게 되어 있다. 높은 유연성을 가진 만큼 플라스틱 파이프는 물때가 끼는 것과 부식에 대한 저항력에서 강점이 있다. 금속 파이프가 사용되거나 파이프작업이 재구축 계획으로 교체될 때, 보다 덜 부식되는 재료로 교체하는 데에 관심을 갖는 것은 당연한 일이다. (흐름의 방향성을 비교할 때) 예를 들면 부식이 일어나지 않는 것 때문에 철을 동으로 바꾼 것처럼.

(6) 안전장치

대부분의 시스템은 양질의 상수를 유지하기 위해 안전기준을 가지고 있다. 그 질은 예를 들어 운반용 물이 아닌 경우에는 입구까지 떨어져서는 안 된다. 이러한 장치는 역류를 방지하고 오염된 물의 유입을 막고 질 낮은 물과 상수가 섞이지 않도록 하는 안전장치를 포함하고 있다. 예를 들어 이 시스템에서 누수에 의해 압

\\ 참고:
프로에틸렌 HD는 또한 매립형파이프에도 사용된다: PE-X는 PE-HD로 외피방지막을 한 내부용 파이프로 사용되었다. HD란 고밀도(high density) 를 말하며, PE-X는 교차연결형 폴리에틸렌

\\ 참고:
건물에서 상수의 순도 유지는 유럽표준 EN 1717에 의해 정해진다. “상수장치에서 휴대용 물에 대한 오염방지와 역류에 의한 오염방지 장치를 위한 조건들”이다.

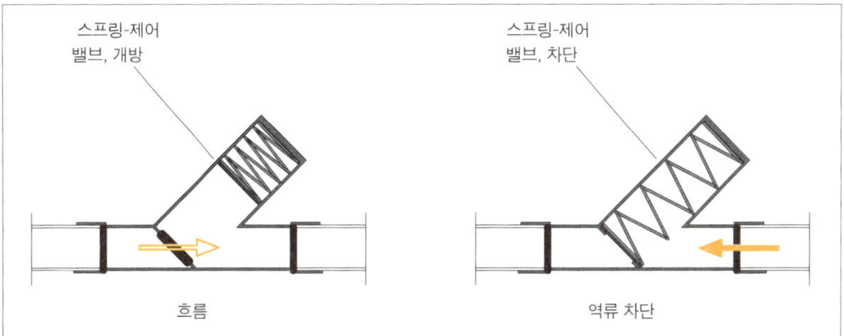

그림 14:
체크밸브의 원리

력이 떨어진다면 동시에 샤워헤드가 욕조 속으로 잠기는 것 같은 일이 나타나게 된다. 이러한 안전장치는 그 떨어진 압력이 상수공급원으로 욕조물이 빨려 들어가는 것을 막아주게 된다.

체크밸브
Check valves

장비설치에 있어 집안에 들어온 물에 대해 정상적으로 만들어진 안전장치 중 하나는 수도계량기 다음에 자리 잡게 되는 체크밸브 이다. 이것은 자체적으로 차단되고, 스프링이 작동되는 밸브로서 파이프에서 상수의 역류를 방지한다.

체크밸브는 물이 정상적인 방향으로 흐를 때만 개방된다. 흐름이 멈추게 되면, 다시 닫힌다. 반대 방향으로 흐를 경우, 압력이 증가되어 밸브가 닫히게 된다. 〉그림 14

공기 유입밸브
Air admittance valve

체크밸브는 공기유입밸브와 결합되어 설치되는 것이 정상이다. 이것은 파이프 시스템에 압력이 낮아지는 어떤 상황에도 그것을 보충할 수 있고, 상수공급상에 오염된 물이 역류해 들어오는 것을 방지한다. 공기유입밸브는 모든 냉, 온수 승압기에서 가장 높은 곳에 위치시킨다. 공기유입 밸브의 내부에 있는 밸브는 정상일 때는 닫혀 있다. 〉그림 15 체크밸브와의 결합에서 공기유입밸브는 압력이 낮아졌을 때 열리고, 공기가 내부로 흐르면 한번 사용된 물이 파이프 작동으로 역류해 빨려들어 가는 것을 방지하게 된다. 〉그림 16

공기유입밸브로부터 물의 위험성을 피할 수 있기 때문에 파이프에 압력이 과도해졌을 때 그 밸브는 물방울 집합용 파이프에 연결되게 된다. 그래서 빠져나가게 되는 물은 하수용 파이프의 작동에 의해 흘러 나가게 되고 다음에 하수구로 나가게 된다. 물방울 집합용 파이프가 공기유입밸브가 샤워나 욕조 위에 설치되어 있을 경우에는 필요치 않다. 그 경우는 넘쳐난 물이 해가 되지 않을 것이기 때문이다.

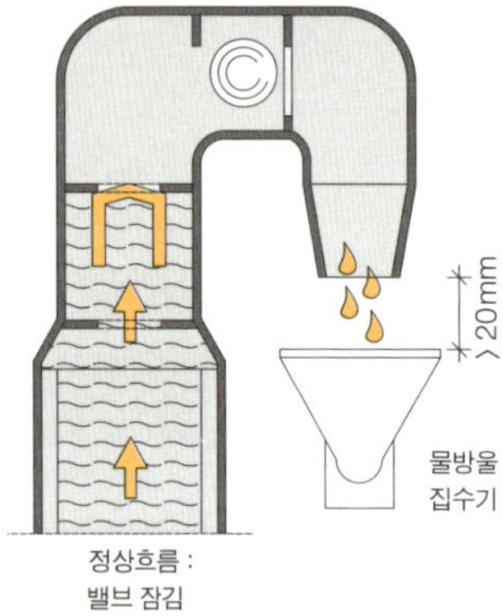

그림 15:
물방울집수 파이프와 공기유입밸브의 작동

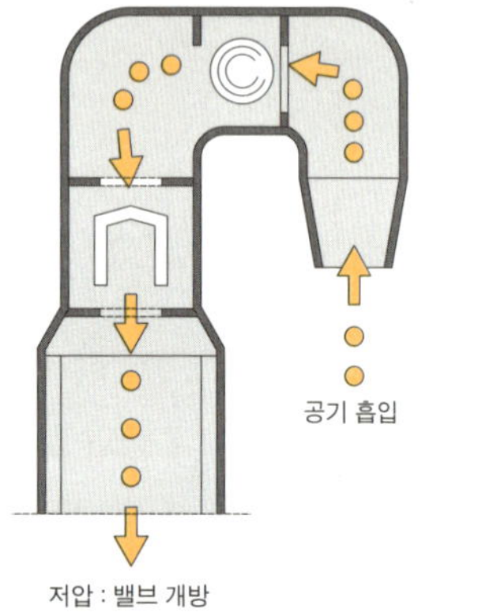

그림 16:
물방울집수 파이프 없는 공기유입밸브의 저압 작동

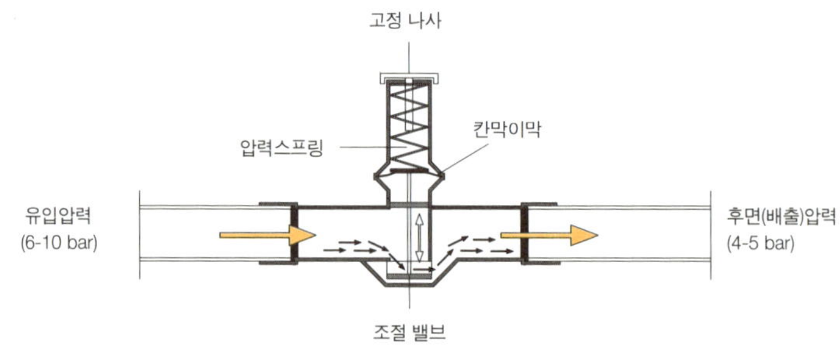

그림 17:
감압기의 원리

감압기
Pressure reducer

상수 공급회사에서 제공되는 수압은 정상적인 유입 점에서는 너무 높은 편이어서 건물 내에서 압력을 낮추어야 한다. 분배압력은 설치장소에 따라 연결된 스프링밸브를 열거나 닫아서 이동식 칸막이 막을 작동시킨다. 〉그림 17 감압기는 관리가 용이한 곳에 설치되어야 한다.

필터
Filter

깨끗한 필터는 모든 상수시스템에서 먼지와 찌꺼기들을 제거하기 위해 설치된다. 대부분의 경우에 수도계량기와 감압기 사이에 설치된다. 그래서 감압기는 오염되지 않게 된다. 필터의 설치는 필터내부에 미생물을 영구히 제거할 수 있을 것이란 기대를 하기는 어렵기 때문에 그것이 정상적으로 작동 될 때만 제 역할을 한다고 할 수 있을 것이다.

표 4:
냉수 파이프의 표준 단열두께

파이프	단열 두께
_ 난방 안 된 개방 공간 _ 인접해서 온수 파이프가 없는 샤프트 설치된 곳 _ 벽의 홈	4 mm
_ 난방 공간의 개방된 곳	9 mm
_ 온수가 흐르는 파이프가 인접해서 샤프트가 설치된 곳	13 mm

단열 두께는 0.035 W/m^{2}K의 열전도성을 측정하여 산정하고 다른 단열 재료인 경우는 다시 산정되어야 한다.

안전 간격
Safety distances

매립형 상수파이프는 그 어떤 하수파이프 보다 상부 1m 이상 떨어져 설치해야 한다. 그래야 누수에 의해 발생되는 오수의 오염을 막을 수 있다. 이 안전 간격이 유지되지 않으면, 상수파이프는 적어도 하수 파이프의 상부 20cm의 간격을 두고 설치되어야 한다.

열 단열
Thermal insulation

냉수의 상수파이프는 그 단열재에 의해, 또는 미생물로부터 안전한 거리를 유지시키기 위해 온수나 더워진 파이프 주변으로부터 생기는 열기를 막을 수 있게 되어야 한다. 상수파이프는 열기가 있는 공간을 통과하게 될 때 반드시 단열이 되어야 한다. 〉표 -4 참고

2.2 온수 시스템

온수에 대한 일상의 요구에 만족하기 위해서는 건물 상수의 일부를 분배공급 전에 가열해야 한다. 온수공급시스템은 냉수공급, 보일러, 온수저장탱크, 유출입지점에서의 온수분배 파이프 등으로 구성되고, 이는 온수가 유출입지점에서 즉각적으로 사용할 수 있도록 하게 한다.

\\ 중요:

냉수파이프는 항상 가스 파이프 하단에 설치되어야 한다. 거기에는 항상 압축된 물이 있어서 가스 파이프 부식의 원인이 되고 가스누출의 결과가 될 위험성이 있기 때문이다.

표 5:
온수 파이프를 위한 규정상 단열두께

규정 파이프 직경	단열 두께
_ DN 20 까지	20 mm
_ DN 22-35 까지	30 mm
_ DN 40-100 까지	파이프 DN
_ DN 100 이상	100 mm
8m 까지의 파이프 길이에는 상기 두께의 반이면 적당함	
_ 벽과 천정을 관통하는 곳, 파이프가 교차하는 곳	

파이프 구획
Pipe layout

빌딩에서 중앙 난방장치로부터 온수를 공급받으려면 온수 파이프는 주로 건물을 관통하는 냉수 파이프와 평행으로 설치되고, 많든 적든 같은 단면의 파이프를 갖게 된다. 파이프에 있는 물의 온도는 40에서 60℃ 정도이다. 에너지 낭비를 줄이기 위해 온수 파이프는 가능하면 짧게 유지해야 하며 난방이 안 된 지점을 통과할 때는 항상 난방단열을 해야 한다. 단열을 위해 요구되는 여분의 공간은 파이프 설치 경로를 설계할 때 계산에 넣어야 한다.

단열두께는 대략 파이프 직경과 같게 하고, 길이가 8m 보다 짧은 경우, 두께는 반 정도가 적당하다. 파이프가 벽이나 천정을 관통하거나 파이프가 교차할 경우 즉, (표-5)에서 보는 것처럼 바닥구조물에서도 유사하다.

개별, 공동 및 중앙 온수공급
Individual, group or central jot water supply

온수시스템은 건물 내에서 집중되거나 분산된다. 또는 유입지점에서 직접 온수를 공급하기도 한다. 온수의 원천이 그곳에 연결된 유출입지점에서만 있다고 하면, 이러한 배분 방식을 **개별공급**이라고 한다. 반면 유출입지점에 여러 개가 연결된 경우에는 **공동공급**이 된다. › 그림 18 및 19 참고 **중앙공급**에서 모든 유출입지점은 1개의 중앙보일러에서 온수를 공급받는다. › 그림 20 참고 개별 및 공동, 중앙시스템을 결합하는 것은 물론 가능하다. 예를 들어 여름에 중앙보일러를 꺼놓더라도 개별 공급 장치를 통해 온수공급이 가능한 것이다.

보일러
Boilers

기본적으로 온수공급에 사용되는 보일러는 **지속공급**과 **순간온수기**의 두 가지 타입이 있고 그것은 사용될 물을 직접 가열한다. 또 **축열히터**는 물의 열을 계속 유지시키면서 사용에 대비하는 장치이다. 각 종류별 큰 차이는 열원에 관련되어 있다. 열원은 고형연료, 오일, 가스, 전기, 지열, 태양에너지 등을 포함한다. 열은 **열교환기**와 열매체 등을 통해 간접적으로 발생되거나 가열된 온수의 열을 가지고 직접적으로 발생시키기도 한다.

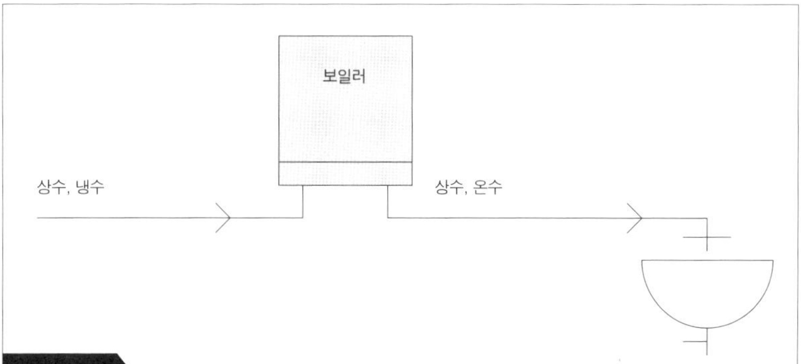

그림 18:
세면기 1대에 대한 개별공급형 온수공급도

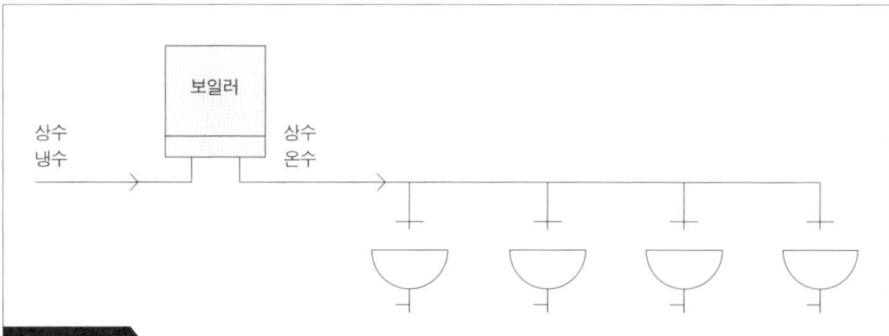

그림 19:
여러 대의 세면기에 공동공급형 온수공급도

가능하다면, 보일러는 건물에 열사용이나 온수공급에 유리한 중앙공급장치(플랜트)에 설치한다. 플랜트는 온수저장고로 구성되며, 공급용 물을 저장하고 난방순환용 열원과 여기에 연결된 보일러가 있으며 공급용 물에 열을 보낸다. 온수와 열에너지는 유출입지점과 난방용 라디에이터의 파이프망을 통해서 펌프로

\\ 참고:
열교환기는 하나의 매체로부터 다른 매체로 열을 전환시킬 때 사용된다. 이 열매체는 물이 될 수도 있고, 그 열을 기체로 전환시킬 수도 있다. 라디에이터가 그 예이다. 온수공급시스템에서 열교환기는 온수저장고의 안쪽에 위치한다.

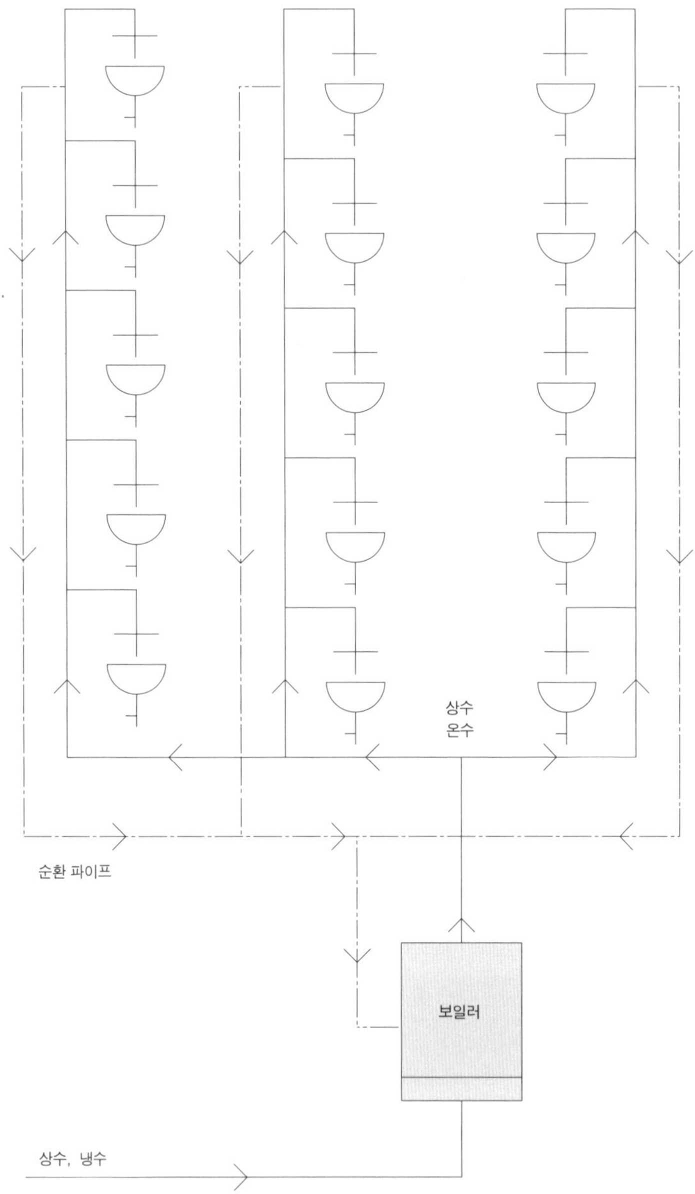

그림 20:
전체 세면기에 중앙공급형 온수공급도

전환된다. 중앙공급장치는 태양열 에너지장치가 나중에 연결되거나 개조할 때 그리고 온수저장고에 온수를 공급하고자 할 때 유리하다.

(1) 연속경로시스템

연속경로시스템은 순간온수기 또는 연속경로온수기로도 불리며 물을 약 60℃까지 직접 가열한다. 〉그림 21 참고 이 시스템의 장점은 필요한 양의 온수만 가열한다는 점이다. 저장시스템과 비교해 보면, 연속경로시스템에 따라 대기열의 낭비가 없으며, 그 물은 일반적으로 깨끗한 상태가 될 수는 없다.

연속경로형 온수기는 설치비용이 적고 공간절약형이다. 또 물을 직접 가열하기 때문에 매우 효율적이다. 온수는 좀 지체된 다음에나 유출입지점에서 공급될 수 있기 때문에, 처음 작동이 될 때는 피해야 한다. 이는 사용되지 않은 깨끗한 물이 오수와 함께 하수구로 흘러들어가는 결과를 가져오기 때문이다. 순간온수기에서 유출입지점으로 흐르는 파이프는 가능하면 짧게 해야 한다. 그래야 냉수의 구간이 줄어든다. 그러나 그것을 완전히 생략할 수는 없다.

순간온수기는 전기나 가스로 작동된다. 전기시스템은 보통 AC로 공급되고, 가스시스템은 연도나 굴뚝이 연결되어야 한다. 전기로 작동되는 순간온수기는 에너지 소모가 크다. 전기는 생산비가 많이 들기 때문에 에너지 이동에 사용하는 경우는 작은 양의 온수인 경우와 대체할 수 있는 적절한 다른 에너지원이 없는 경우로 제한적일 수밖에 없다. 반면에 가스는 화석에너지라고는 하지만 여타의 화석에너지들보다는 CO_2 발생량이 최소라는 장점이 있다.

가스결합형 보일러로 구성한다면, 순간온수기는 적절한 시스템을 통해 온수와 열에너지를 동시에 공급할 수 있을 것이다. 물의 양은 수압으로, 열로 또는 전기로 조절될 수 있다. 연속경로시스템은 동시에 여러 개의 유출입지점으로 공급할 수 있고, 개별, 공동 그리고 중앙공급 온수시스템으로 사용될 수 있다. 그렇

\\ 참고:
석탄, 오일, 가스 등은 화석연료이다. 연소시에 탄산가스를 발생시키며, 지구온난화의 원인이 된다. 이것들은 고갈될 시기가 올것이며, 그 때는 더이상 에너지원으로 사용되지 못할 것이다.

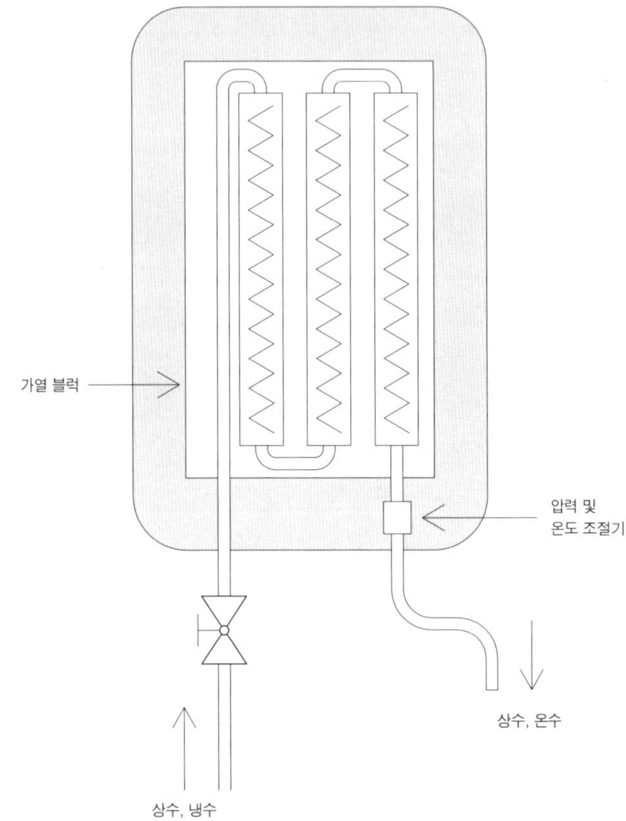

그림 21:
연속경로형 온수기의 원리

지만 최대 물 흐름양은 제한되어 있는데, 호텔이나 스포츠 시설 같이 동시에 유출입량이 많을 경우에는 연속시스템 상의 유출양이 너무 적어진다. 이런 경우에는 중앙저장시스템이 사용되어야 할 것이다.

또 다른 복합시스템은 15-100리터 정도의 소형이고 온수저장고를 가진 순간온수기이다. 물이 더 필요한 경우, 예를 들어 욕조 같은 경우는, 욕조에 필요한 나머지 물은 하나의 순간온수기처럼 가열된다. 통합형 저장고를 가진 연속 경로형 시스템은 온수와 가열에너지를 가진 보다 소형의 주거 유닛에 공급할 때 사용된다.

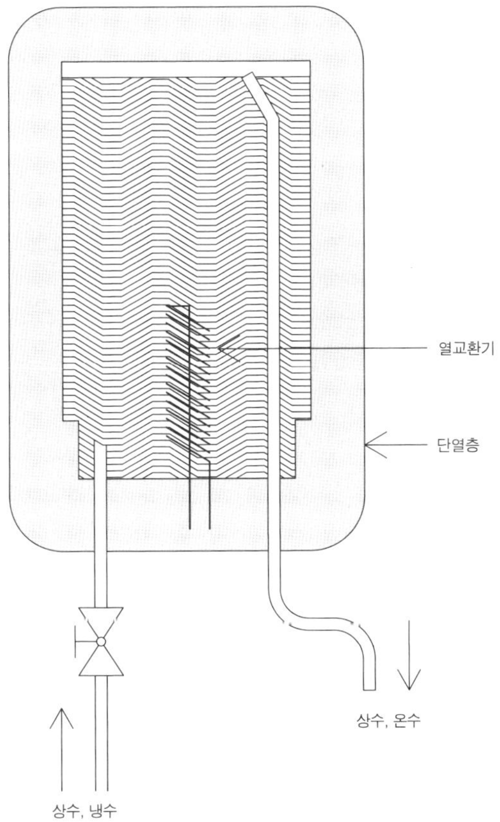

그림 22:
물탱크 가열기의 원리

(2) 물탱크 시스템

이러한 물탱크 가열기는 지속적으로 약 60℃의 온도를 유지하기 위해 저장된 온수를 연속으로 가열한다. 〉그림 22 참고 그 물은 연결된 열원이나 열전달기에 의해 직접 가열된다. 이 열전달기는 태양열 장치에 동결방지장치가 되어 있다.

〉27쪽 온수시스템, 온수의 태양열 가열 편 참고

온수탱크는 난방플랜트 주변의 건물 중앙부에 위치시켜야 한다. 단열이 잘 되어 있어야 하고 닫히고 압축된 시스템으로서 여러 유출입지점으로 공급할 수 있도록 한다. 보일러와 같이 개방되어 있고, 압축되지 않았으며 단열도 되지 않은 것은 개별의 유출입지점을 설계할 때이다.

태양열 장치는 또한 온수탱크시스템과 연결하거나 개조될 수 있다. 저장탱크와 보일러가 직접 연결되어 있기 때문에 태양열 장치에 의해 만들어진 온도가 충분치 않으면, 또는 탱크에 있는 온수의 온도가 필요한 작동 수준보다 낮아지면 보일러가 물을 재가열 한다. 온수탱크시스템의 단점은 오랜 시간 저장될 경우 수질이 나빠질 수 있다는 것이다.

사용지점에 가까이 위치하는 순간온수기와 비교해서, 중앙저장탱크시스템은 파이프설치 작업이 보통 상당히 길기 때문에 설치비가 훨씬 높아지는 요인이 되고 결과적으로 설치비용이 비싸지게 된다. 그러나 전체적인 가격은 보일러가 한 대만 설치된다는 점을 감안하면 건물의 난방이 결합된 온수의 생산측면에서는 줄어든다고도 볼 수 있다.

레지오넬라균
Legionella

과도한 크기의 파이프작업 시스템, 즉 저장용량이 지나치게 대형이거나 단열이 잘 되지 않은 상수파이프로 된 상수가열시스템은 레지오넬라균이 생겨나기에 아주 적합한 상태가 된다. 레지오넬라균이란 막대모양의 박테리아로서 냉수에는 잘 안생기지만 온수에서는 급격히 증가하는 특징이 있다. 사람이 마시는 물에 의해가 아니라 샤워할 때처럼 물이 요동쳐 발생하는 수증기를 흡입함으로써 감염된다. 병의 증세는 폐에 감염되어 발열, 근육통, 기침, 숨 가쁨 등이 나타난다. 유행성 감기 정도로 쉽게 실수하기도 한다. 빨리 진단받고 적절한 항생치료를 받지 않으면 치명적이 될 수도 있다.

온수저장고에 있는 물의 온도가 박테리아 확산기간 동안 30-45℃ 사이로 떨어지면 레지오넬라균 감염 위험이 발생하게 된다. 건물 내 상수의 레지오넬라균 방지를 위한 간단하고도 효과적인 방법은 저장된 물을 열로 살균시키는 것이

\\ 참고:
압력도 없고 단열도 되지 않은 탱크 시스템은 보일러나 온수기 사용점이 될 수 있다. 이곳은 대개 세면기나 욕조의 아래에 소형바닥장치로서 설치된다. 이것은 오피스의 탕비실처럼 소량의 온수를 신속하게 만들어야 할 때 적당한 장치이다.

다. 매일 또는 매주 박테리아를 죽이기 위해 60℃ 이상으로 물의 온도를 높이는 것이다. 또 하나의 방법은 물에 살균 매체를 발생시켜 작용하도록 하는 전기 살균 방식이다.

(3) 태양열 가열 온수

태양열 집열기는 다른 어떤 배출물도 동반하지 않기 때문에 환경적으로 가장 안전한 형태의 열에너지를 제공한다. 태양열 장치는 원래 온수 공급을 위해 사용되었다. 기후와 건물에 유리한 조건에 의존하기 때문에, 면적이 두 배가 된다면 설치비는 이 가열시스템을 감당할 만하다고 할 수 있을 것이다.

태양열시스템은 집열패널 또는 진공튜브집열기로 구성되어 있다. 각각의 효율과 제조가격은 다르며, 부동액 홍합물이 사용되어 발생시킨 열을 전환시키기 위한 유동성 순환장치와 물이 가열되는 온수저장탱크가 있다. 온수저장고에 있는 열교환기는 집열기로부터 전달된 열을 저장고의 물로 전환시킨다. 〉그림 23 참고

태양열장치의 설계는 선정된 집열기 종류에 따라 이루어지며 사용계획이 온수공급만이건 공간을 난방하는 것도 포함되는 지에 따라 달라진다.

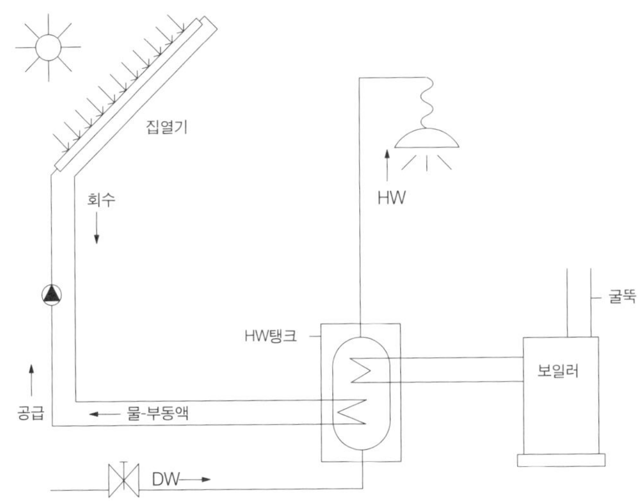

그림 23:
태양열 장치 설치의 계획 다이어그램

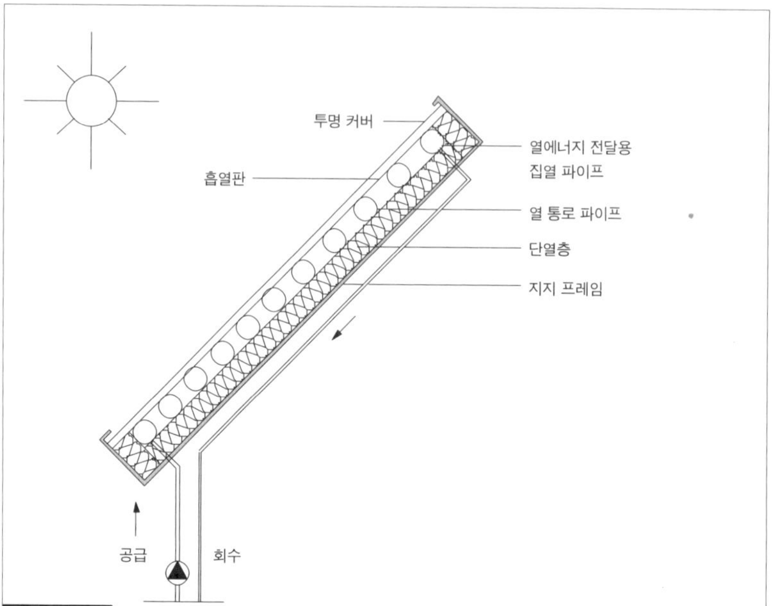

그림 24:
평판형 집열기의 디테일

평판형 집열기
Flat Plate collectors

평판형 집열기는 집열기가 그 면에 내리쬐는 거의 모든 태양광을 흡수하도록 되어 있는 고도로 선별되어 코팅된 것들이 하나의 흡수층을 이루는 원리로 이루어진 것이다. 그 흡열판은 반사되지 않는 안전유리로 덮인 투명커버로 덮여 있다. 또 높은 태양에너지 투과율과 뒷면과 옆면이 열단열 처리가 되어 있다. 전체의 시스템은 구조프레임으로 지지된다. 유리커버 하부에 열전달매체로 채워진 파이프는 그 열을 온수저장탱크로 전달하게 된다. 〉그림 24-26 참고

진공튜브형 집열기
Vacuum tube collectors

진공튜브형 집열기와 함께 효율을 극대화하기 위해 내부에 밀실한 유리튜브로 흡수층을 형성한다. 〉그림 27 참고 집열기는 서로서로 밀착해서 배열되고, 물과

\\Tip:

중앙유럽의 기후에는 평판형 집열기의 표면면적이 1인당 1.2 -1.5㎡ 이며 이는 주거용 건물의 온수공급에 충분한 수준이다. 동절기에는 그 공간난방 공급시스템을 충족시키기 위해서 두배의 면적이 요구된다. 즉 1인당 2.4-3.0㎡ 정도는 되어야 한다.

그림 25:
지붕에 평판형 집열판 설치

그림 26:
건물 전면에 평판형 집열판 설치

그림 27:
진공튜브형 집열기

부동액의 혼합물로 채워진 집열튜브에 특수 처리된 바탕면이 연결된 있는 여러 개의 유리튜브로 구성되어 있다. 진공튜브형 집열기는 설치할 때에 최상의 결과를 얻기 위해서 그것들을 회전시켜서 특별히 정해진 각도로 설치되어야 한다. 이 한

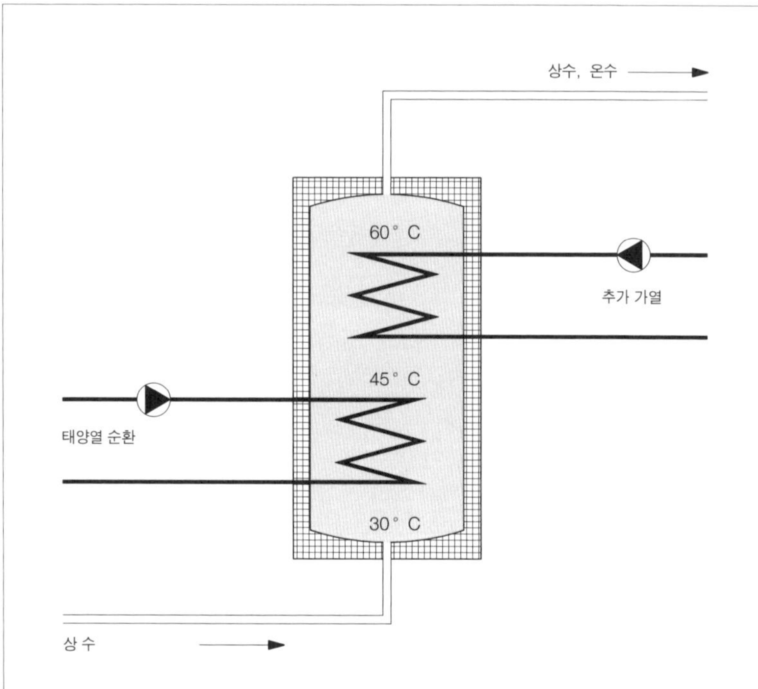

그림 28:
서로 상이한 온도 영역을 가진 다층형 탱크

유닛이 비교적 유리하지 못한 수직각도에 놓이거나 최상의 배열에는 미치지 못한다 하더라도 그렇게 해야 한다. 측면에 부착된 금속면 반사체는 그 유닛이 받는 태양광의 양을 증가시킬 수 있다. 진공튜브형 집열기 시스템의 효율성이 한층 높다는 것은 주거용 건물에 온수공급을 위해 1인 당 0.8 - 1.0㎡의 면적이 필요하다는 것을 의미한다.

배열
Alignment

태양열 집열기는 보통 태양을 면한 지붕면이 남동 또는 남서 방향에 집중시키고, 만약 1년 내내 온수공급이 필요하다면 여기에 평지붕 면에서 30-45도의 수직 각도로 설치해야 함을 말한다. 중앙유럽에서 난방을 위한 추가공급이 필요하다면 동절기 태양고도가 상당히 낮으므로 그 각도는 60도로 올라가야 할 것이다. 특히 진공튜브형 집열기로 설치된 유닛은 발코니 앞면이나 건물 전면, 또는 유사한 여러 위치에 부착할 수 있을 것이다. 만약 건설상의 이유로 그 유닛이 적절한 수직각도에 설치될 수 없거나, 지붕의 방향이 매우 불리한 면을 향하고 있다면 더욱 큰 집열기 면적을 가져야 할 것이다.

덮기의 정도
Degree of coverage

겨울에는 이용할 수 있는 태양열의 양이 적고, 집열기는 연간 필요한 온수양의 일부만 감당할 수 있으므로 물을 가열할 추가적인 방안이 마련되어야 한다. 다른 하나의 가능한 방안은 온수공급과 난방을 결합시키는 것이다. 이 시스템은 층구획 탱크에 다른 온도의 구역마다 물을 저장하는 것으로 난방을 위한 열원으로 사용될 수 있다. 〉그림 28 참고

층구획 탱크에서 가장 뜨거운 물은 위층에, 중앙은 중간온도층, 냉수가 있는 바탕층엔 가장 차가운 물이 있게 된다. 열기 순환을 위한 공급은 이 층구획탱크의 꼭대기에서 얻어지며, 여기에서 더 높은 온도를 얻을 수 있게 된다. 태양광이 충분치 않으면 분리형 보일러에서 열교환기를 통해 추가로 열을 공급하게 된다. 이 방법으로 요구되는 열에너지의 약 25%는 재생원료로부터 채워질 수 있다. 난방을 하는 태양열 설비는 바닥과 벽 난방을 결합시키면 매우 효율적이 된다. 왜냐하면 이 가열 방식이 라디에이터 난방방식 보다 더 낮은 온도를 공급하게 되기 때문이다.

2.3 위생관련 실들

온수는 상기 항에서 언급된 시스템 중 하나에 의해 생산된다. 그리고 온수가 필요한 주방, 욕실, 그리고 유사한 실들에 있는 다양한 유출입지점에 사용되기 위해 준비된 파이프 시스템에서는 냉수와 나란히 배열된다. 위생관련실들은 주로 개인건강과 위생법 등을 위해 사용된다. 가정에 있는 모든 실중에 위생관련실은 건물의 설비장치에서 가장 강조되는 곳이다. 그 이유는 냉온수가 공급되고 여러가지 하수를 배출하는 시스템이기 때문이다. 설계에 의하면 이것들을 **물을 사용하는 곳을 가진 실 또는 물 사용실** 등으로 말할 수 있다. 파이프 설치 작업에 포함된 이 공정을 생략하기 위해 이러한 실들의 배치는 가능한 한 샤프트의 설치 개수를 줄이도록 선택되거나 상수공급과 하수용 파이프 길이를 줄이게 되는 효과가 있어야 한다. 파이프를 종류별로 함께 묶는 것은 연관 작업을 간편하게 할 뿐 아니라 인접한 실로 소음이 관통하는 것을 줄여주기도 한다.

\\ 참고:
건물난방에 대한 더많은 정보는 "완화 시스템"의 장에서 볼 수 있다. Oliver Klein and Jörg Schlenger, Basics Room Conditioning Bikhäser Verlag, Basel 2008.

위생관련실에서 발생하는 소음은 종종 화장실 물탱크, 하수파이프의 물소리, 몰 흐름 말단인 수도꼭지 등과 실내 활동 등이 원인이 된다. 이 소리들은 벽, 천정, 바닥 등을 통해 다른 실로 전해지게 된다. 조용해야 하는 방이나 침실 등에서 소음을 피하려면 욕실이나 화장실에 인접배치 하지 않아야 한다. 예를 들어 침실 옆에 설비공간을 가지고 있는 벽은 전혀 소음이 나갈 곳이 없어 단열과 소음방지가 될 리가 없다. 건물 각 부마다 방음 처리가 되어 있지 않은 경우에는, 주거세대들 간벽에 접해있는 위생관련실 즉 주방, 욕실 등과 같은 것들이 같이 있어 소음이 옆 세대에 문제가 되지 않도록 하는 경우에만 가능할 것이다.

벽 속 설비공간을 만들어 이용하는 방식은 소음전달이란 면에서 별로 권장할 일이 아니다. 파이프를 둘러싸고 있는 방음 처리된 이 공간은 소음을 충분히 고려한 것이지만 이를 위해 벽을 깊이 파는 것은 대개 구조안전에 문제가 있다.

바닥면에 설치되는 욕실, 화장실의 환기팬은 독립된 탄성층을 갖거나 천으로 공간을 가진 층을 만든 곳에 설치되어야 한다. 그래야 팬에서 발생되는 소음이 바닥을 통해 인접 가구에 전달되는 것을 방지할 수 있다. 화장실 팬이나 욕조, 선반과 같이 벽에 부착된 장치들은 방음재나 플라스틱 측면마감을 하거나 가벽을 만들어 부착하는 등 각 공간 구역별로 확실하게 처리된 벽에 설치되어야 한다.

욕실의 수전과 밸브는 두 종류의 소음발생 영역에 속해 있다. 즉, 낮은 수전 소음 영역I, 그리고 높은 레벨의 소음 수준을 가진 영역II 등이다. 이 중 가격이 다소 증가하더라도 방음처리를 위해 영역I에 속한 수전이 선호된다.

위생관련실의 설계는 그것들이 배치와 양식 뿐 아니라 소음방지와 파이프로 이루어지는 공정이 집중되는 곳이기 때문에 건축가에게 상당히 어려운 부분이라고 할 수 있다. 위생장비의 배열에 신중히 고려해야 하고 파이프 경로 등을 잘 정리해놓아야 하는 것이 기술적, 기능적, 재정적 문제와 직결되기 때문에 아주 신중하게 다루어야 하는 것이다.

(1) 위생장비의 배열

위생실 계획 시, 건축가는 위생장비가 상수인입구와 하수 배출구에서 얼마나 떨어져 있는지, 그리고 연결 상태가 얼마나 직접적이고 쉽게 되어 있는지 설명할 수 있어야 한다. 상수파이프는 일반적으로 구경이 작아 바닥에 설치하는 데에 문제가 없지만 하수파이프는 비교적 구경이 크고 건물 내에 2% 정도를 요구하므로 종합적인 설계에 어려움이 매우 크다. 설비장비와 하수파이프의 종류에 따라 종종 바닥레벨 보다 약간 높게 하기도 한다. 이는 하수연결거리를 짧게 할 수 있도

그림 29:
양면 가벽구조의 설치물

록 하는 것이다.

노출형 상, 하수 파이프는 소음발생이 심하다. 한편으로 각 층을 관통하고 밀실한 파이프작업을 위해 여러 구조방식 중 가벽설치 또는 샤프트를 설치해서 방음효과도 높이고 벽형 설비방식보다 비용절감 효과를 얻기도 한다.

가벽의 설치
False wall installations

단단한 벽에 기구를 부착하거나 조적으로 파이프 통로 주변 공간을 만들어 주는 등 대신 현재는 대부분의 파이프를 가벽 뒷면에 설치하여 구조적 안정을 도모하고 소음 방지에도 더욱 효과를 보고 있다. 철제 지지프레임과 위생도기 부착물들로 구성되어 있다. 설치 후의 여유 공간은 단열재로 채우고 프레임은 석고보드로 마감된다. › 그림 29 참고 가벽은 보통 높이를 1.0-1.5m로 하고 후면에 설치되는 파이프의 직경을 감안하여 20-25cm 간격을 준다. 직접 설치 샤프트에 연결되는 것이 아니라면 특별 층에 파이프 설치되는 곳에만 밀실하게 하고 다른 층에는 밀실처리를 하지 않는다. 가벽 상부면은 욕실 선반으로 활용될 수도 있다.

가벽 설치의 또 다른 방식은 단위조립형 블록 시스템이다. 이는 조립식, 폴리에스테르폼 콘크리트로 성형된 압축요소로 된 것 등이며, 모든 공급과 배출 파이프 연결부에 캡을 씌우게 하고 그곳에 연결된 저수탱크의 배수구와 위생도기들의 설치에 쓰이는 부착 기기들이 내장되어 있다. 약 15cm 깊이를 가진 이것들은 벽에 소음방지장치를 연결하거나 구조물 바닥면에 지지하여 세운다. 그 공간은 벽을 세우거나 모르타르로 채운다.

(2) 위생관련실 기기설치

위생실의 크기와 기기설치는 원래 이용자 수와 특수한 요구조건에 따른다. 한편 욕실 크기는 대부분 설치될 위생기기와 그것들 사이의 간격에 의해 결정된다. 〉그림 30 참고

욕실과 화장실 분리형의 경우 거주 유닛이 2인 이상임과 일상의 사용에 편리성의 증대가 고려되어야 한다. 2 이상의 자녀가 있는 가정의 경우 화장실의 분리와 함께 욕조와 덧붙여 샤워기가 별도로 있어야 한다. 위생실의 건물 내에 크기와 위치를 모두 고려함에 있어서 디자이너는 물을 사용하는 실은 일반적으로 또 다른 유사한 실과 인접하게 하여 그룹으로 만들어서 물의 이동거리가 길지 않게 해야 한다.

위생기기 부착은 각 기기 간에 방해받지 않도록 최소 25mm의 공간이 되거나 서로 높이를 달리해서 설치한다. 예를 들어 세면기의 경우 더 낮은 곳에 있는 욕조의 상부가 연장된 선상에 위치시킨다. 유사한 예로 활동의 안전성을 보장하기 위해 각 위생기기의 앞은 깨끗하게 유지되어야 한다. 〉그림 31 참고

세면기
Wash basings

세면기와 욕조는 그 크기가 상이하다. 소형 세면기는 화장실에 설치되고 손 씻는 데에만 사용된다. 욕조는 큰 스케일을 필요로 한다. 각각은 최소 팔꿈치 정도까지 담글 수 있어야 한다. 대부분은 위생도기나 아크릴로 제작되며, 일부는 에나멜이나 스테인리스로 만들어지기도 한다. 이 장비들의 상부 꼭대기까지는 보통 바닥레벨에서 85-90cm이다. 이중으로 된 세면기의 경우 분리된 세면기보다 훨씬 경제적이다. 그렇지만 두 사람이 동시에 사용할 때 서로에게 방해가 되지 않기 위해서는 최소 폭을 120cm 정도로 해야 한다. 〉그림 32 참고

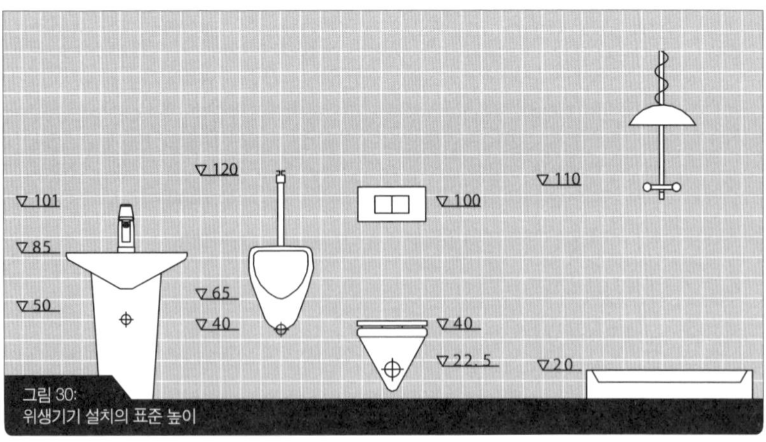

그림 30:
위생기기 설치의 표준 높이

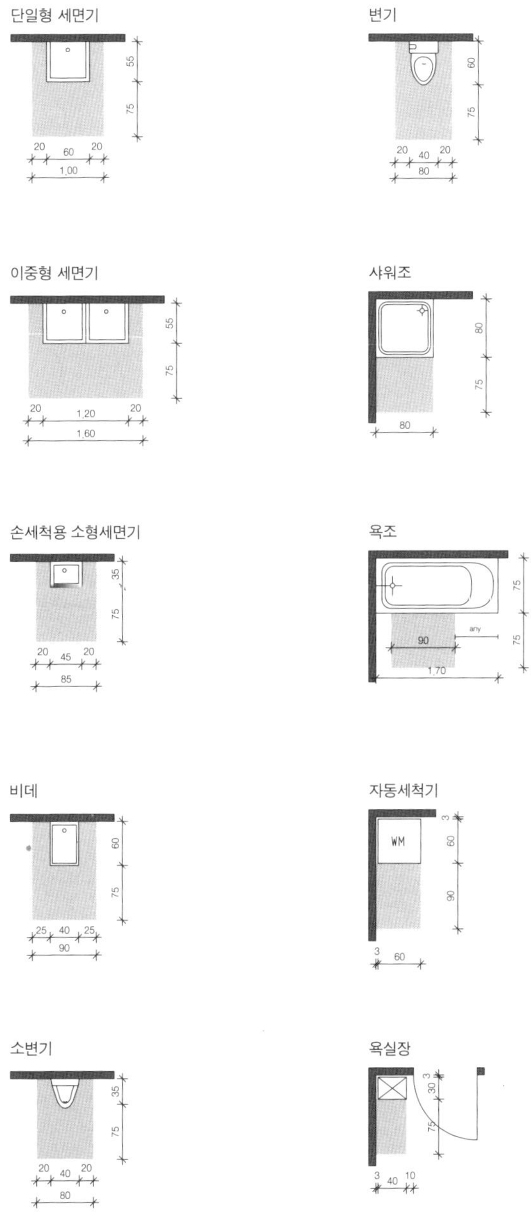

그림 31:
위생기기의 부착 최소 간격

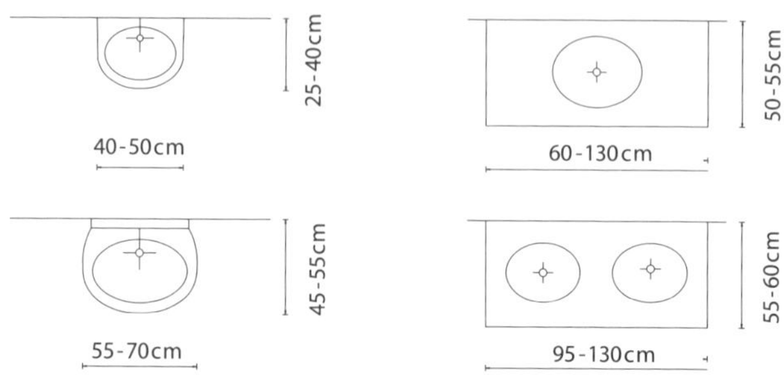

그림 32:
타입별 표준 세면기 규격

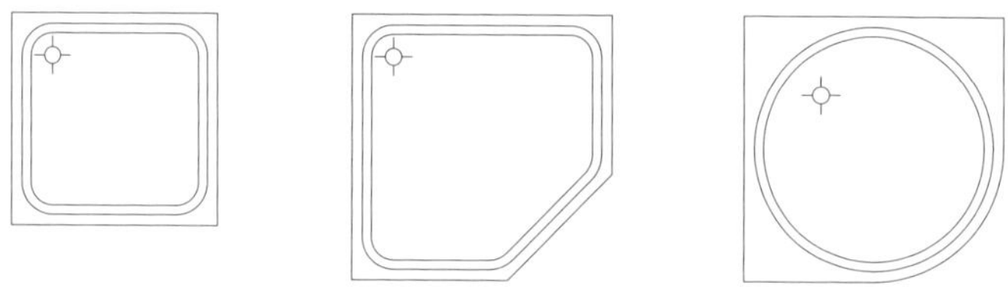

그림 33:
샤워조의 형태

냉수와 온수파이프용의 코너밸브는 세면기 하부에 설치되고 수리가 필요할 때면 상수를 잠그는 장치를 사용하게 된다. 이것은 세면기 하부의 붙박이장이나 후면 패널을 이용하여 상하수 파이프와 트랩을 보이지 않게 하는 데에도 효과적이다. 〉하수 장의 건물에서의 하수파이프 편 참고 또한 세면기는 특별히 디자인 된 욕실가구에 인입되기도 한다. 이것은 또 욕실에서의 공간활용을 좋게 해주고 파이프 설치에서 좀 더 미적인 면을 연출하게 해준다.

샤워기 설치
Shower installations

샤워조는 대개 에나멜로 된 철제나 철판, 또는 아크릴제로 제작된다. 여러 형태의 샤워조가 만들어질 수 있다. 정사각형, 직사각형, 원형, 반원형 등으로 다양하게 할 수 있다. 〉그림 33 참고 표준형 정방형의 샤워조는 보통 80 × 80cm 크기에 15 – 30cm의 깊이를 갖게 되고, 규격이 커질수록 세워진 높이가 낮아질수록 공간이 더 많이 필요하게 되어 이용하기 더 편리해진다. 샤워조로 가는 계단을 줄이기 위해 바닥구조를 낮추는 것은 정상적으로는 샤워조 하부를 편리하게 하기 위해 하수로로 연결을 고려하여 더 깊어져야 한다. 〉그림 34 상부 및 중앙 그림 참고

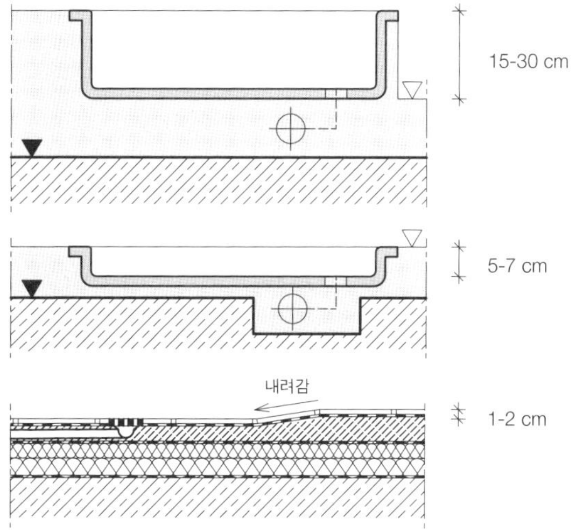

그림 34:
샤워조 설치에 있어서의 단면 높이

샤워조가 있는 몇몇 욕실 디자인에서는 샤워조 바닥과 욕실 바닥이 같은 높이인 경우도 있다. 〉그림 34 하부 참고 이것은 설계와 세척상의 이점뿐 아니라 배리어-프리, 즉 노약자들을 위한 제안이기도 하다. 이렇게 물로 젖어 있는 샤워조를 가진 실의 배수구는 바닥레벨에 있게 된다. 따라서 효과적인 방수처리, 모서리 처리 등과 함께 하수파이프에 물이 내려갈 수 있도록 하기 위해 바닥레벨을 높이는 것도 반드시 고려해야 할 조건인 것이다.

\\ 참고:
방수와 실링은 방수천과 실링테이프로 구성되어 있거나 다른 방수재로 구성된다. 그것에는 얇은 바탕면 위에 넓게 펴서 깐다. 그것은 바닥 마감면의 최상부에 적어도 15cm 정도는 펼쳐져서 욕실에 샤워기가 있을 때는 샤워물이 직접 닿지않는 곳에도 다소 높여야 한다. 또한 벽의 샤워헤드 상부의 최소 20cm 정도까지 연장해서 처리되어야 한다.

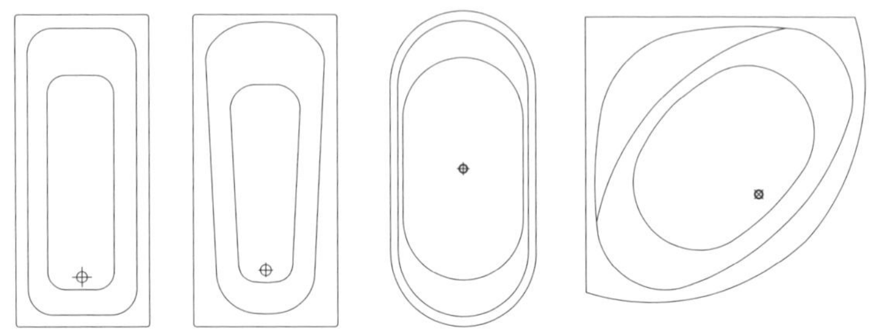

그림 35:
욕조의 기본형

욕조
Bath tubs

욕조는 실내에 독립구조로 되어 벽을 따라 자리하며, 타일보드로 제작되어 마감하거나 성형 플라스틱패널 유닛이 설치되기도 한다. 에나멜 마감된 단조철판 또는 아크릴제로 제작된 것들로 보통 길이 170-200cm, 폭 75-80cm 그리고 높이는 50-65cm로 되어 있다. 입구 높이를 더 낮출 필요가 있을 경우에는 하수파이프의 연결을 위해 욕조는 욕실바닥면까지 낮춰져야 한다. 욕조는 주변바닥으로 물이 흐르게 해야 한다. 예를 들어 바닥면이 욕조가 차지하는 면보다 낮아야 하므로 그 둘레에 걸레받이 같은 징두리를 설치하기도 한다.

욕조와 마감 사이 빈공간은 보통 단열재로 채운다. 벽과 욕조 모서리 사이의 공간은 유연제실링으로 방수처리 한다. 내부공간은 90×75를 확보하며 진입을 용이하게 하기 위해 욕조의 장변방향을 입구로 향하게 한다.

변기
Lavatory pans

변기는 벽에 매달거나 바닥면에 세운다. › 그림 36 참고 벽부착형은 다양한 형태가 있고 바닥 청소에 용이하며 통상 높이를 적절하게 하기 위해 가벽이 설치된 곳에 특수한 프레임 부재에 고정된다. 변기형태는 수세식 설비방식에 따라 달라진다. 오래된 건물은 주로 얕은배수방식(swallow-flush pan)임에 반해, 현재는 소음이 적은 깊은배수방식(deep - flush pan)으로 대체되고 있다. › 그림 37 참고

WC 배수탱크
WC flushing cisterns

배수탱크는 가벽의 설치, 또는 노출된 압력탱크를 벽에 부착하거나 내장시키거나 이중밀착형으로 하는 가에 따라 범위를 정한다. › 그림 38 참고 그것들은 변기면 상부에 다양한 높이로 설치될 수 있다. 오래된 건물에 설치된 높은 상부 탱크형은 상당한 소음을 유발시키지만, 현대 건물에서는 낮은 저상형 탱크나 벽 내장형으로 되어 소음을 훨씬 줄였다. 압력탱크는 상수파이프의 압력을 활용하기 때문에 기존의 박스형 탱크는 더 이상 필요치 않게 되었다. 자가 개폐형 밸브는 필요

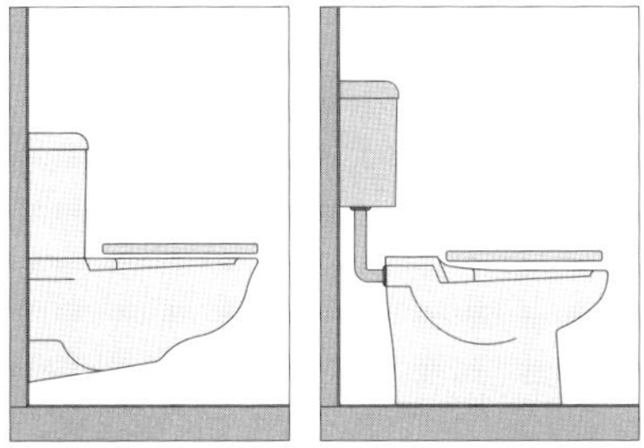

그림 36:
벽부착형과 바닥설치형변기

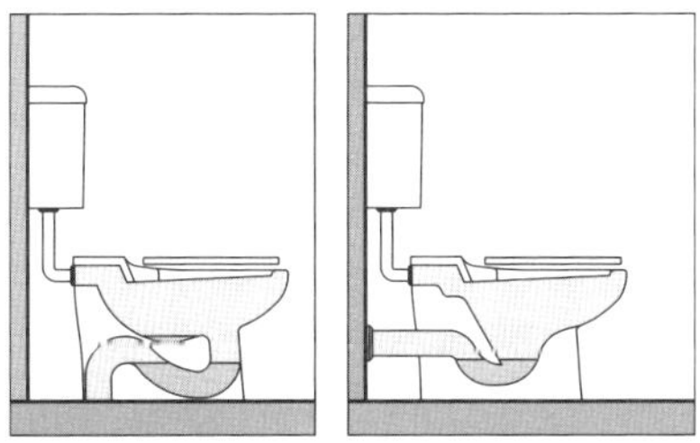

그림 37:
얕은배수방식과 깊은배수방식

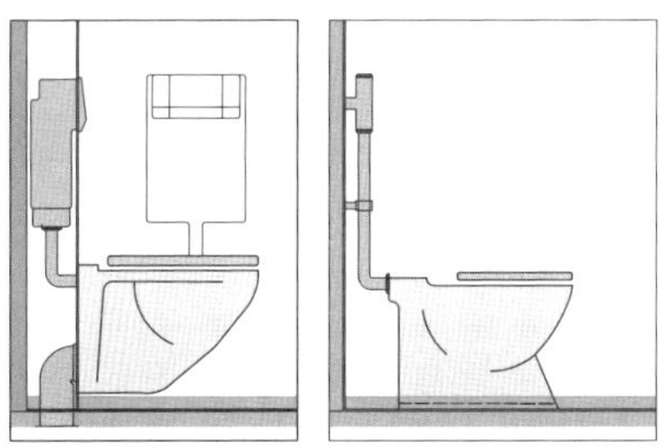

그림 35:
벽부착 물탱크방식과 압력물탱크 방식

한 만큼만 배수의 양을 공급하게 된다. 즉 배수레버가 압력을 받는 것이다. 한편 기존 탱크는 배수할 때마다 자동으로 물이 채워지게 되어 있다.

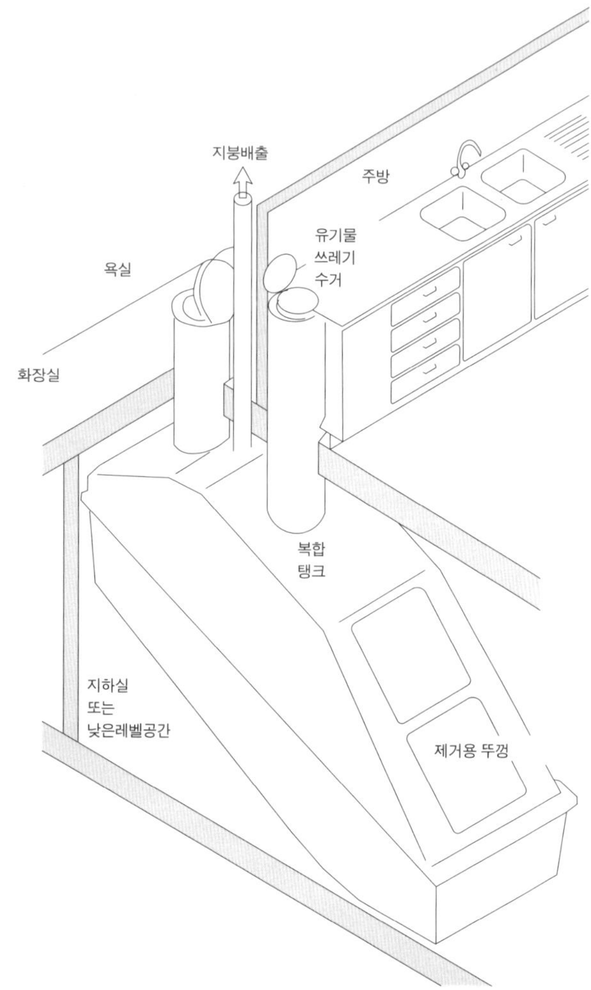

그림 39:
복합형 화장실의 개요도

물 절약형
변기시스템
Water-saving
toilet system

한사람이 하루 소비하는 물양인 35-45리터 중 1/3 이상이 화장실에서 소비된다. 수세를 위한 물소비를 줄이는 것은 상수를 절약하는 데에 대단히 중요한 과제라고 할 수 있다. 기존의 탱크는 수세시 마다 9-14리터의 물을 사용한다. 반면 현대식 변기시스템은 약 6리터만 사용된다. 수세식 물의 양은 탱크에 채워지는 물의 높이에 맞추어 정해진다. 수세버튼을 잠시 동안 누름으로써 수세 과정을 중단

시킬 수 있도록 되어야 한다. (물 절약용 버튼) 수세 시 사용되는 물의 양을 3리터로 절약하기 위해 물탱크 소음을 최소화 한 특수형식의 변기에 연결시켜야 한다.

진공형 화장실
Vacuum toilets

진공형 화장실은 수세시 단지 1.2리터만 필요로 한다. 현대의 고속열차나 선박에서 사용된 적이 있다. 주거용 건물에서 펌프로 배설물을 흡수시켜 하수탱크로 보낸다. 거기부터는 또 다른 펌프가 공공하수시스템을 통해 운반한다. 진공과정을 활용한 결과로 상수소비가 줄어드는 효과는 하수배출시의 작용으로 절약된 결과라 할 수 있다. 작아진 파이프 직경은 진공형 화장실 설치와 함께 문제발생이 줄었다. 그러나 수세과정 자체에서는 다른 수세식시스템 보다 상당히 소음발생이 많았다.

복합형 화장실
Composting toilets

복합형 화장실은 수세과정에 전혀 물을 사용하지 않아서 하수도 전혀 없다. 이것은 생태적 목적으로 채용되었거나 건물이 공공하수시스템에 연결되지 않은 경우에 사용된다. 이 화장실은 탱크와 주방의 유기물 쓰레기와 화장실 오물을 연결하는 샤프트로 구성되어 있다. 〉그림 39 참고 복합(퇴비)탱크에 지속적으로 압력을 낮추는 것은 나쁜 냄새가 새나가지 못하게 하기 위해서이다. 여러 달에 걸쳐 탱크에서 분해되도록 공기를 통하게 한다. 이러한 복합화 과정에서 나온 양질의 비료는 토양개선과 정원의 퇴비로 사용된다.

(3) 수리

수리란 용어는 모든 상수시스템의 고장난 장치들을 고치는 것으로 예를 들면, 수전이나 게이트밸브, 스톱밸브 등 세면기, 샤워기 등의 위생기기를 말한다. 밸브구역이나 파이프장치의 길이방향으로의 흐름이 잠겨서 멈춘 것으로 파이프가 닫힌 것과는 별개이다. 스톱밸브는 상수시스템을 시스템 각부가 독립적이 되고 개별적인 구성요소로 대체될 수 있도록 잘 정리해서 나누어 준다. 그러므로 스톱밸브는 상수계량기, 필터 그리고 감압기 등의 앞뒤에 부착된다. 〉그림 40 참고 또는 각 층에 공급하는 각 승압기와 파이프의 가장 낮은 지점에 설치한다. 이 구성요소들은 전체 파이프장치가 고장 나 멈추는 경우를 제외하고는 대체될 수 있다. 스톱밸브는 또한 화장실 물탱크와 세면기의 아래에 설치된다.

벽과 표면부착 수전
Wall-and surface-mounted faucets

위생실에서 탭장치는 벽이나 표면에 설치될 수 있다. 〉그림 41 참고 주로 욕조나 샤워공간에 설치되는 벽부착형 수전은 물 공급용 파이프가 매립된 벽에 설치된다. 그곳의 짧은 연결부품은 상수파이프장치에 연결되어진다. 표면설치형 모델은 세면기나 싱크의 상부에 설치되며 코너의 스톱밸브에 의해 상수와 연결된다. 탭장치의 종류는 예를 들어 주방용 수전이 욕실 것보다 더 긴 것처럼 용도에 따라 선정된다.

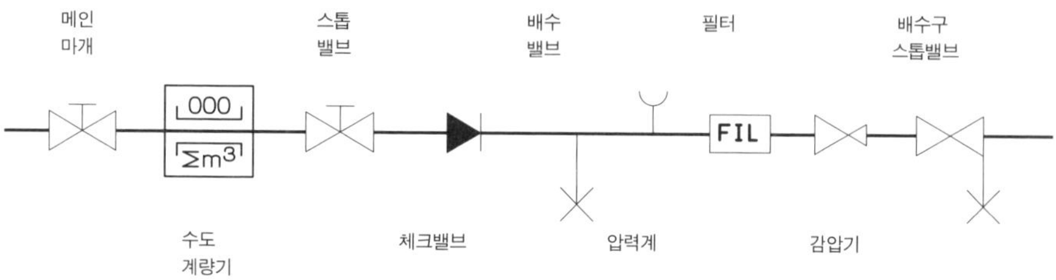

그림 40:
복합형 화장실의 개요도

미서
Mixer

기존의 믹서는 서로 인접해 있는 두 개의 돌림핸들로 구성되어 있다. 좌우의 핸들은 온수와 냉수의 흐름을 조절한다. 사용자는 각 흐름을 온도에 따라 적절하게 조절한다. 더욱 실용적인 것은 하나의 레버로 된 믹서로서 좌우로 돌려 물 온도를 조절하고 레버의 위아래 작동으로 흐름을 바꾼다.

원격조절형 세면기 수전
Contoctless wash basin faucets

원격조절형 세면기 수전은 위생상의 이유로 공중화장실에 많이 설치된다. 적외선센서 앞에 손을 대면 밸브가 열리는 것이다. 어떤 것은 전기적으로 컨트롤하는 종류로서 물이 흐르게 하기 위해 손을 수전 가까이에 대야 한다. 수도계량기는 탭으로부터 물의 양을 기록해 준다. 원격형 수전은 작동에 전원이 있어야 한다. 이에는 배터리나 외부 전원 공급이 필요하게 된다.

온도감지형 수전은 돌림핸들에 의해 흐르는 양이 바뀌더라도 물 온도가 유지되도록 사전 세팅된 물 온도에 따라 흐르게 된다. 이 수전은 정해진 온도를 맞추기 위해 정확한 비율로 냉온수를 혼합한다. › 그림 42 참고

\\ 참고:
모든 수전과 위생장치들은 시각적인 면을 고려하여 실의 타일 그리드선과 일치시켜 부착 및 설치한다. 수전은 타일접합부에 설치하거나, 교차부 또는 타일중앙부에 부착시킨다.

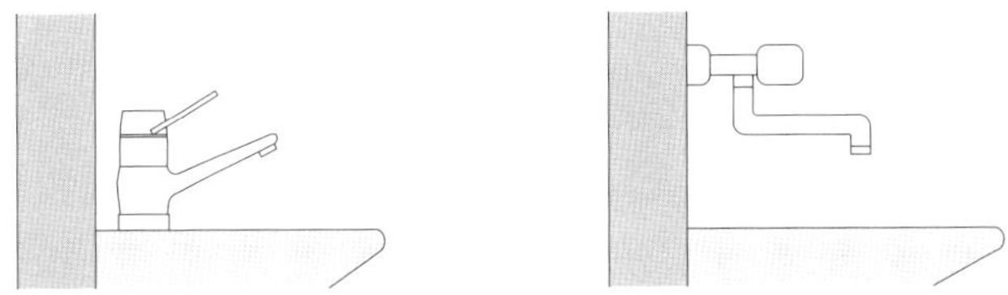

그림 41:
욕실 세면기의 표면 및 벽부착형 수전

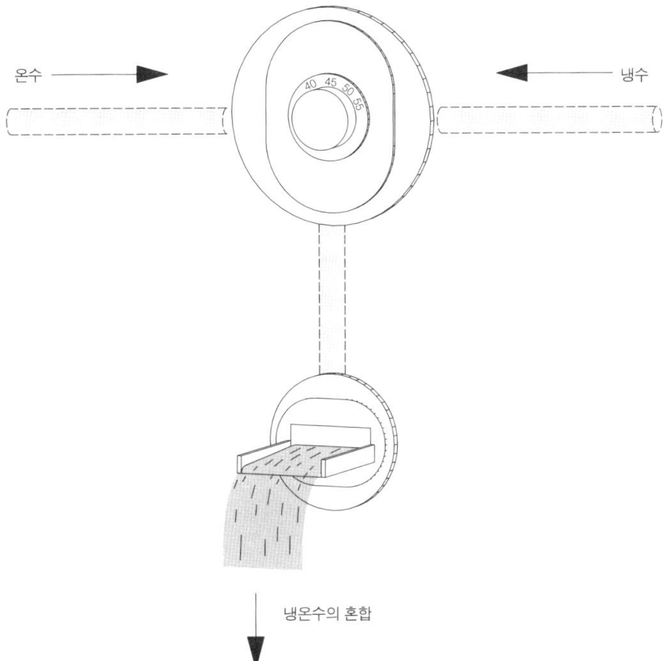

그림 42:
온도감지 탭의 원리

(4) 노약자용 위생실

노약자용 위생실은 특수한 조건을 만족시켜야 한다. 이용자가 타인의 도움 없이 시설을 이용할 수 있도록 하는 방향으로 설치되어야 한다. 이를 충족시키기 위해 세면기, 샤워기, 욕조 등의 전면에 120×120cm 이상 크기의 노약자용 영역을 확보해 주어야 한다. 여기에 휠체어 이용자는 최소 150×150cm의 공간이 필요하다. 휠체어 사용자가 타고 가서 세면기 등 모든 위생기기의 손잡이를 잡고 쉽게 이용할 수 있도록 하고 샤워공간은 턱을 없애고 바닥면과 같은 높이를 유지시킨다. 문은 최소 폭을 80–90cm로 하여 출입이 용이하게 하고 욕실 내 위생기기들이 방해되지 않도록 한다. 〉 그림 43참고

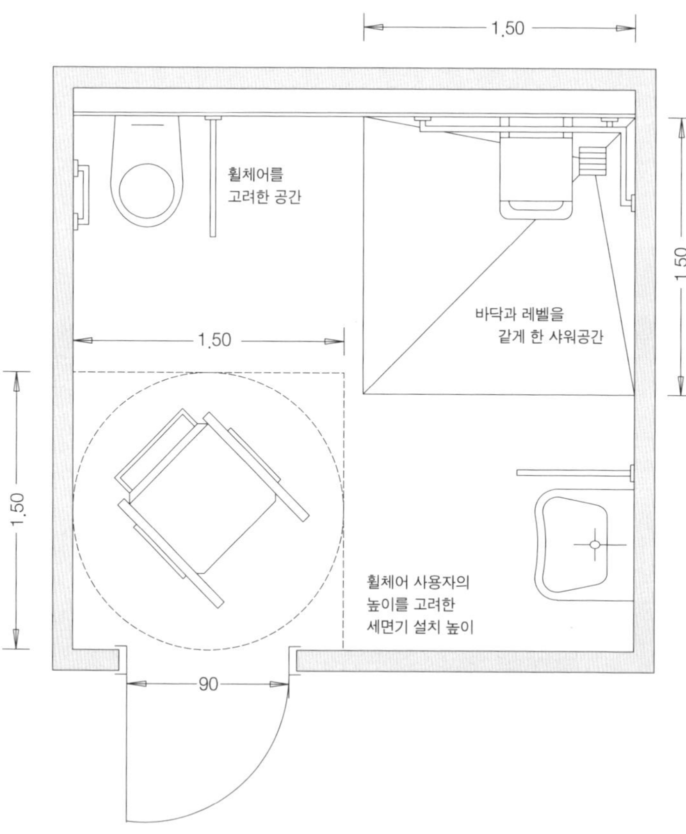

그림 43:
휠체어 사용자를 고려한 욕실

3. 하수

건물 내 파이프 망을 통해 분배된 다음 수전에서 나와 세면기, 샤워기, 욕조로 흘러나오면 그것이 사용되지 않고 깨끗한 상태라 해도 상수는 자동적으로 하수가 되어 버린다. "상수(음용수)"란 표현은 하수 파이프로 물리 흘러드는 순간 없어지는 것이다.

"하수"란 용어는 일반적으로 가정이나 상업용, 산업용으로 사용되어 오염된 물 뿐 아니라 비나 눈과 같이 비교적 깨끗한 물도 포함하고 있다. 하수는 보통 미세물질, 박테리아, 또는 화학물 등에 오염된 것을 말하므로 그것이 물의 성질로 회복되어 이용되기 전에 확실하게 처리되어야 한다. 이 과정은 정상적으로는 공공 하수처리 작업과정을 통해 시행된다.

배설물과 부패된 부산물이 포함된 화장실과 주방설겆이에서 나온 것은 매우 오염도가 높은 하수로서 오수(black water)로 불린다. 세면기, 샤워기, 욕조 등에서 나온 비교적 덜 오염된 하수는 준오수(gray water)라고 하묘 오수보다 오염도가 보통 1/3정도 밖에 안 된다. 하수처리장에서는 통상 오수를 정화시키는 목적으로 설계되어 있기 때문에 하수처리작업 중 정상적인 수처리 과정에서 고려되는 점에서 그 차이는 별로 없다. 그러나 어떤 시설은 단지 준오수만 처리할 수 있기 때문에 자연발생 하수처리는 매우 중요하게 다뤄진다는 점에서 차이가 있을 뿐이다.

최근 수년에 걸쳐 환경에 대한 인식이 증가함에 따라 지표수와 하천, 호수 등의 수질을 보호해야 함이 중요해졌다. 생물학적인 자정과정은 어느 수준 이상의 오염도를 가진 경우는 곤란하게 된다. 상당한 수준으로 오염된 산업용이나 생활하수를 정화시키는 하수처리 방식은 반작용적 생물학적 폐해를 대단히 중요하게 다루어야 한다. 〉다음 장 하수, 하수처리 방법, 참고

\\ 참고:
독일에서는 4명의 가족이 오수처리에서 100kg를 정화하는 것을 소개했다. 더 많은 환경친화적인 정화과정의 개발은 공해부담을 낮추는 것이지만, 단지 그 문제점들을 약간 줄여줄 뿐이었다.

그러나 처리 전에 사용된 냉온수가 건물의 위생관련실로부터 이동해서 공공 하수시스템으로 흘러들어가는 일이 발생할 수 있다. 이는 지하에 묻힌 파이프망을 통해 이루어진다.

3.1 건물 내 하수파이프 장치

하수파이프는 상수파이프 보다 상당히 크며 우수와 건물의 오수를 모아서 정화조로 보낸다. 상이한 크기의 파이프 분배 네트워크는 화장실 장치들이 문제없이 작동될 수 있게 하도록 확실히 하는 것이 필요하다. 건물들은 보통 중력에 의해 배수되도록 설계된다. 그래서 모든 파이프는 수직으로 되어 있거나 건물 외부로 향하게 되어 있다. 하수가 역류하지 않도록 하는 것은 매우 중요하다.

홍수레벨
Flood level

홍수레벨은 하수가 배수시스템에서 특별한 위치까지 올라갈 수 있는 가능한 최대의 높이를 말한다. 〉그림 44 참고 정상적으로는 행정당국에서 지역의 홍수예방레벨을 따로 지정하지 않은 경우에는 노면의 상부와 연결지점에서 커브의 최고점이 홍수레벨이 된다. 이것은 홍수시에 발생할 수 있는 물의 최대높이이며 따라서 건물 내에 더 높은 곳을 제외하고는 안전보장이 안 된다. 홍수는 장마가 있는 시기에 가장 많이 발생한다. 통합 배수시스템은 하수와 오수를 처리하기 때문에 특별히 위험할 수 있다. 〉다음 장 하수, 하수처리 방법, 참고 만약 파이프가 막힌다면 분리형 배수시스템에서도 발생될 수 있다.

지하 화장실의 연결 장비들은 공식적인 홍수레벨 아래에 있으므로 항상 배수시스템 상의 오수가 역류해 들어올 위험이 있고 심각한 피해의 원인이 되기도 한다. 이런 이유로 각 연결점은 홍수방지 밸브나 하수배출펌프로 보호되어야 한다. 〉건물에서의 파이프장치, 보호기준치 p.60 참고

\\ 참고:
하수의 역류란 공공오수가 거기에 연결된 건물의 파이프 시스템에 유입될 경우에 저장용 기간 교류의 원리에 의해 발생될 수 있다.

\\ 참고:
건물 내의 중력 배수 시스템에 적용되는 유럽의 기준인 EN 12056이 있다. EN 752는 건물 외부 시스템이다. 두 기준은 국가적 조건과 지역에서 허용하는 것이 일반적인 틀이다.

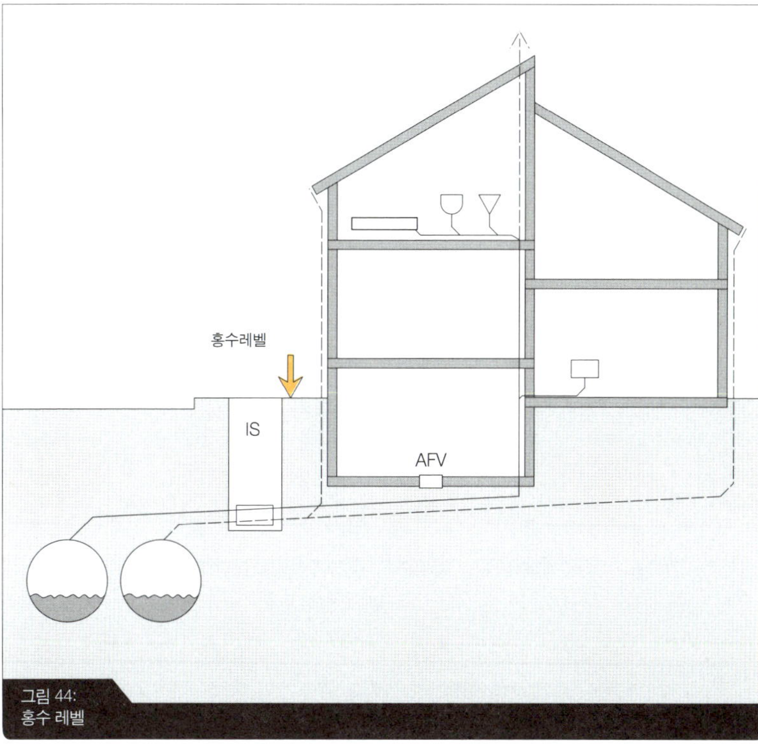

그림 44:
홍수 레벨

(1) 시스템 복합화와 파이프 작동

개별빌딩 및 공공하수파이프 Individual and common waste pipes

하나의 파이프시스템은 많은 요소들로 만들어진다. 그것은 하수를 공공배수시스템과 함께 작동될 수 있도록 연결되었다. 〉 그림 45 참고 각 **개별하수** 파이프는 위생실에서 나오는 모든 하수가 들어가는 **공공하수**의 각 위생설비와 연결되어 있다. 〉 그림 46 참고 공공하수는 가능한 한 직선으로 정리된 것으로 정해진 직경의 파이프로 하수를 내려 보내도록 2% 낮추어서 **수직통로**에 가장 짧은 경로를 갖도록 한다. 수평하수파이프의 낙하는 흐르는 물에 찌꺼기가 남지 않도록 해야 하기 때문에 필수적이다. 모든 파이프는 연결부에서 역류하는 것을 막기 위해 정상적으로 흐르는 방향으로 45도 정도 구부러진 배출파이프와 연결되어 있다. 인접한 공공하수파이프도 하수가 다른 파이프로 흘러 들어가지 못하도록 하기 위해 수직통로에 구부러지도록 연결해야 한다. 개별 파이프장치 시스템 구성요소는 서로 나사 조임이나 용접, 또는 압착설치형 연결 등으로 할 수 있다.

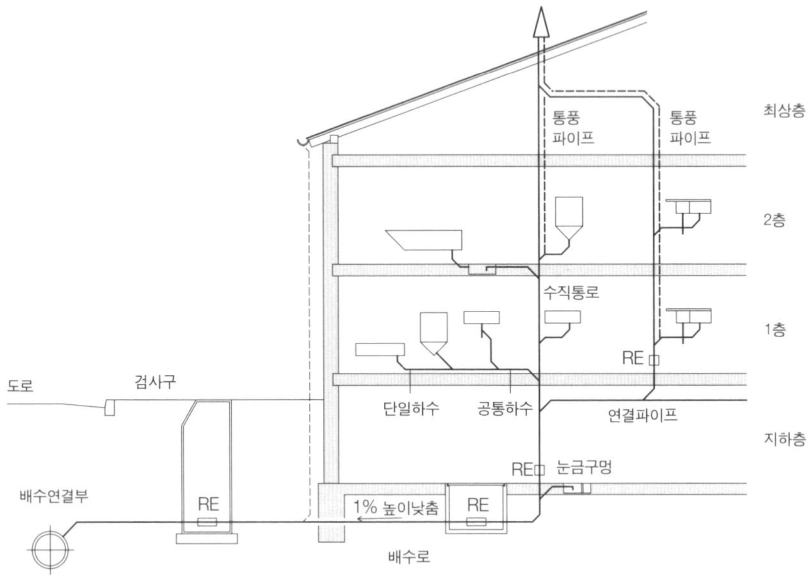

그림 45:
건물 내의 하수파이프 장치

수직통로, 배출 및 통풍 파이프
Stack, drainage and vent pipes

수직통로의 파이프는 정상적으로는 바닥슬래브 아래에 있는 배수파이프로 배출되고 그것은 공공의 하수시스템이나 정화조로 유도된다. 이 수직통로는 위생기기로 역류하지 못하도록 통로를 만들어야 한다. 역류는 압력차이가 발생되면 수직통로가 압력이 낮아지게 되어서 일어나며, 수직통로가 여러 개의 설비기기가 동시에 사용됨에 의해 갑자기 발생된다. 수직통로의 전체 길이가 4m 이상이면 확실하게 1개 층을 관통하게 되고, 어떤 종단부에서도 최상 부까지 그리고 지붕레벨까지 공기가 배출되도록 개방되어야 한다. 이게 아니면, 지붕 하부에 특수하게 설계된 하수파이프에 통풍밸브를 설치하기도 한다. 통풍파이프가 공기를 지붕을 통해 배출되도록 하려면, 거주실의 창이나 지붕창에서 2m 이상 떨어지거나 외관 최상부에서 1m 이상으로 높여야 한다. 그래야 불쾌한 냄새가 하수파이프를 타고 건물 내부로 오지 못하게 된다.

수직통로의 가장 낮은 지점에서는 지하로 충분히 깊이를 주어서 동절기에 건물에서 하수도로 통하는 하수가 얼지 않게 하고 공공하수처리장으로 직접 연결

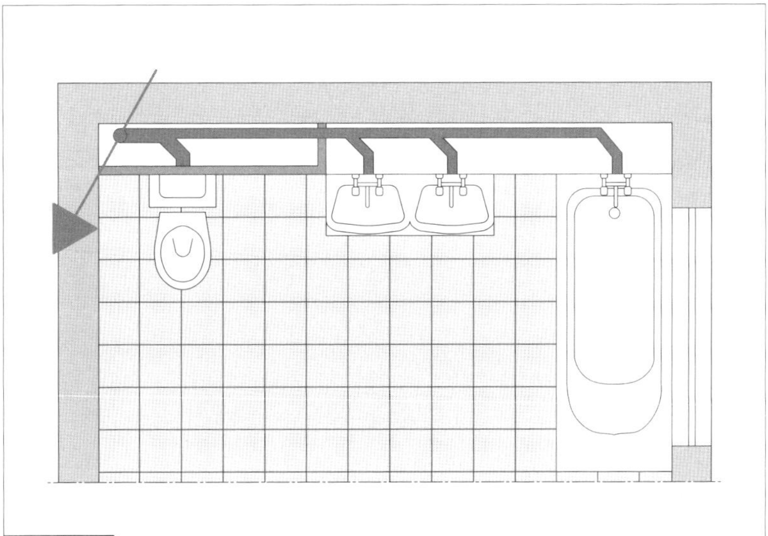

그림 46:
욕실의 하수파이프 평면

한다. 원래 매립된 하수관은 건물이 지하층이 있고 공공하수관시스템에 정상적으로 연결하기에는 너무 높기 때문에 연결하수관은 지하층 바닥슬래브 보다 낮춰서 설치되어야 한다.

세척방법
Access for cleaning

45도까지 올라간 접합점 들은 땅에 묻히게 되고 집합된 하수관으로 하수는 서서히 흘러나가게 된다. 덧붙여서 측정눈금구멍이나 유사한 개방부분은 별도의 조치 없이 장애물 없고 깨끗하게 된 파이프에 길이에 관계없이 적어도 20m 마다 설치되어야 한다. 수직통로에서는 가장 낮은 지점에 적절히 잘 정리된 개방부분이 있어야 한다. 그래야 어떤 일이 발생될 때 최초로 장애물 역할을 해주기 때문이다.

정보기호
Informative singnage

공공하수관로 시스템에 있는 하수로 하부지점은 보통 건물 벽이나 표시말뚝이 세워지고 안내판이 표시되어 있다. 그 숫자는 연결하수관의 방향과 거리를 나타낸다.

도면 표기
Drawing symbols

여러 가지 기호는 설계된 하수시스템의 평면과 단면에서 사용되며, 도면의 이해도를 증진시키고 연결된 설비장비들의 개수와 배치상황을 나타내 준다. › 그림 47 참고 급수에 대한 항목에서 표현된 유사한 방법에서는 도면이 파이프시스템과 연계해서 적절한 기호로 계획안에 표현한 각 종 기기들의 정확한 위치를 나타내고 있다. 파이프의 배치와 설비부재를 포함한 파이프시스템은 세면기, 샤워기, 욕조 또는 화장실과 같은 것들의 계획단면을 나타내 주고 있다. 이것들은 서로 인접하

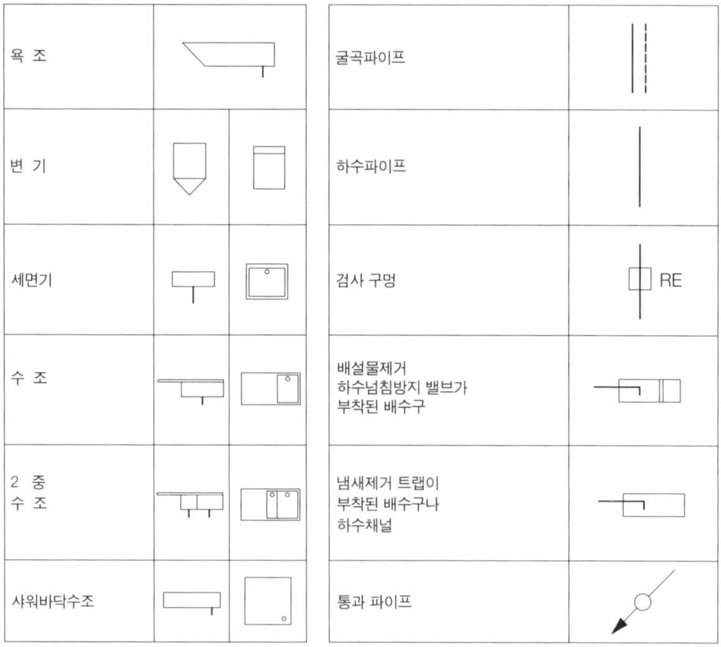

그림 47:
공통으로 사용되는 기호표기와 설명

고 있고 전부가 하나의 공용 하수관로에 연결되어 있다. 〉그림 45 참고 각 파이프는 상부로 45도 구부러져 있음을 볼 수 있으며 실제 흐르는 방향으로 적절이 정리되어 있다.

(2) 파이프 규격의 산정

파이프의 단면은 연결된 위생기기의 모양과 개수 그리고 소요 수량에 따라 달라진다. 다시 말해 건물에서 안정감과 편리함의 요구수준에 따른다. 하수를 처리하는 각 장비들은 필요한 파이프 단면의 연결수치(DU)와 최소직경을 갖고 있다. 〉표 6 참고 하나의 장비의 초당 1리터 (l/s)에 흘러 나가는 하수량(Oww)의 측정치는 하수시스템에서 요구되는 정상적인 규격의 파이프 사이즈의 가장 중요한 변수가 된다. 배수관로 기준(K)은 하수 장비가 사용되는 빈도의 측정치이다. 따라서 이 시스템의 설계는 건물의 용도와 형식에 따라 다양하게 나타난다. 예를 들면, 학교나 공공건물의 위생기 설치는 주거용 건물보다 더욱 빈도가 높다.

표 6:
단일하수 위생장비와 파이프직경 대한 연결밸브

하수 장비	연결도 (DU)	파이프 직경
세면기	0.5	DN 40
플러그부착 샤워기	0.8	DN 50
플러그 없는 샤워기	0.6	DN 50
욕조	0.8	DN 50
6리터 물탱크 변기	2.0	DN 100
4-5리터 물탱크 변기	1.8	DN 80-DN 100

각 장비의 연결도 합계는 공공하수, 수직통로 또는 배수파이프의 단면산정에 활용된다. 그러므로 배수관의 소요규격은 그것과 연결된 모든 하수관련 작동장비의 연결도의 합계로 산정된다. 예를 들어, 변기에 연결되어 있는 수평하수파이프는 보통 최소 DN 100의 통상적인 파이프 규격을 요구한다. 이는 파이프 내경이 100mm 임을 의미한다. 따라서 수직의 통로도 최소 DN 100의 직경이 되어야 한다. 하나의 파이프에 연결되는 그룹의 전체 연결도는 다음 공식에 의해 산정된다.

$$Q_{WW} = K \times \sqrt{\Sigma(DU)} \text{ in l/s.}$$

Q_{WW} = 하수의 양(하수의 배출)
DU = 설계단위(연결도)
K = 배수지표상수, 사용빈도를 나타냄
(주거건물: 0.5, 학교, 레스토랑, 호텔: 0.7,
상시 이용공공건물: 1.0)

(3) 재료

하수파이프는 자기질, 주물금속, 철제, 섬유시멘트 또는 플라스틱으로 만들어지며, 우수배관파이프는 납으로 만들어진다. 자기질 파이프는 하중에 견뎌야 하므로 일반적으로 매립형 배수관에 사용된다. 주물금속과 섬유시멘트 파이프는 모든 타입의 건물과 지반배수시스템에 다 적합하다. 단위 당 최대배출량은 하수흐름에 따른 소음을 줄이는 데에 특히 유용하도록 만들어 진다. 금속 또는 스테

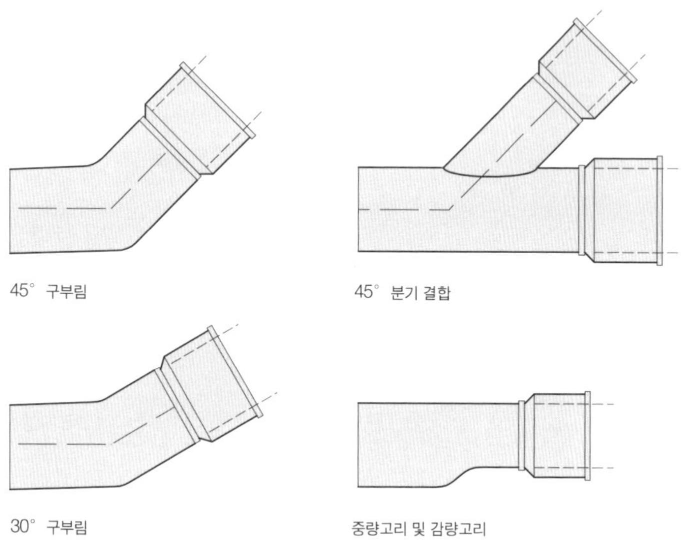

그림 48:
배수파이프의 설치방식

인리스 파이프는 그것이 운반하는 하수가 부식이 잘되는 곳, 예를 들면 실험실 같은 곳 등에 사용된다. 가장 경제성이 높은 재료는 플라스틱이다. 가볍고 부식저항이 강한 점은 플리스틱파이프가 원래 주거용으로 사용되었음을 의미하며, 양질의 플라스틱 파이프는 또한 산업 및 상업용 건물에서 사용된다. 모든 종류의 파이프에 사용되는 플라스틱은 열에 대한 저항력도 있어야 한다.

모든 재료는 짧은 표준 길이로 생산되고 압착슬리브와 섬유 또는 실링제로 연결부를 서로 접합시킨다. 우수용 낙하파이프는 주름을 만들거나 땜질로 연결한다. 그것은 구부리고, 분기접합하고 증량 고리로 하는 등 적절한 모양을 선택한다. 〉그림 48 참고

(4) 보호 치수

냄새 방지용 트랩
Oder traps

트랩은 하수파이프의 불쾌한 냄새가 실내로 들어오지 못하게 하는 장치이다. 이는 각 설비용기의 하부에 장착된다. 트랩은 여러 가지 형태가 가능하지만 그들 모두는 파이프 냄새제거용이라는 원칙은 유사하다고 할 수 있다. 그리고 뛰어난 흐름상의 특성으로 아주 많이 사용되고 있다. 직경이 30-45mm 이상인 굴

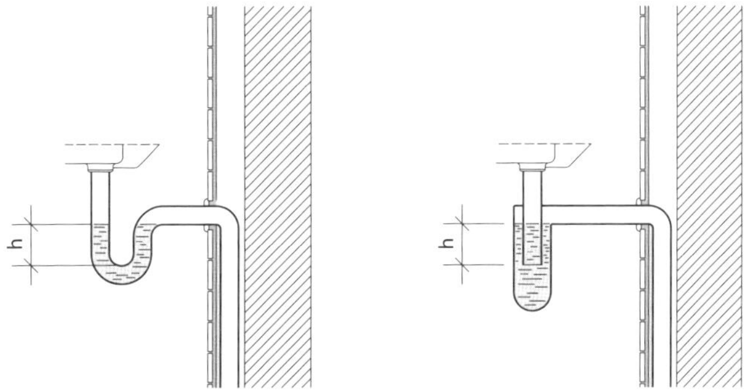

그림 49:
좌 : 파이프 냄새제거 트랩 우 : 보틀형 트랩

곡진 파이프와 구부러진 부분에 물이 고여 있는 형태로 구성되어 있다. 〉 그림 49 좌측 도면 참고

바닥배출구
Floor outlets

보틀형 트랩은 장애가 일어나기 쉽기 때문에 널 사용된다. 〉 그림 49 우측 참고 2중 트랩으로 유지되는 물은 파이프의 냄새가 실내로 유입되는 것을 막아준다. 세탁기나 욕실바닥 깊이의 샤워가 설치된 주거지역에서 욕조에 바닥하수배출기를 만들어 주는 것은 사려 깊은 일이라고 할 수 있다. 그것은 공공건물이나 수영장에 사용될 수 있도록 특화되어 있기도 하다. 그리고 주물이나 스테인리스, 동 또는 플라스틱으로 제작할 수 있다. 그것은 바닥구조에 설치될 수도 있고 최소한의 가능한 설치 깊이를 필요로 한다. 이 바닥배출구가 설치되었을 때 바닥면은 배출구 방향으로 1.5% 정도 약간 낮추고 방수처리를 한다. 〉 그림 50 참고

홍수방지밸브
Anti-flooding valves

바닥배출구는 보통 실의 중앙에 위치하기 때문에 연결 하수파이프를 가장 가까운 수직통로에 연결하도록 할 경우 늘 쉽지 않다. 이 배출구는 보통 DN50이나 DN70의 하수파이프에 연결하고 정상면에서 2% 정도 낮추어서 놓여야 한다.

바닥레벨은 초기에 절리를 해야 하기 때문에 바닥레벨 아래의 모든 하수설비가 오염된 물을 건물 내로 역류하지 못하도록 하는 홍수방지밸브를 아주 밀실하게 설치해야 한다. 이것은 특히 복합 배수시스템에서, 폭우로 한계가 있는 공공배수시스템으로 흐르게 되었을 때, 발생할 수 있다. 공공배수관로에서의 높은 수위 레벨은 오수가 깊은 연결파이프로부터 위생실장비까지 상승하는 원인이 되기도 한다. 〉 그림 51 참고 밸브 또는 자동이나 수동작동스톱밸브 (비상점멸) 등으로 구성되어

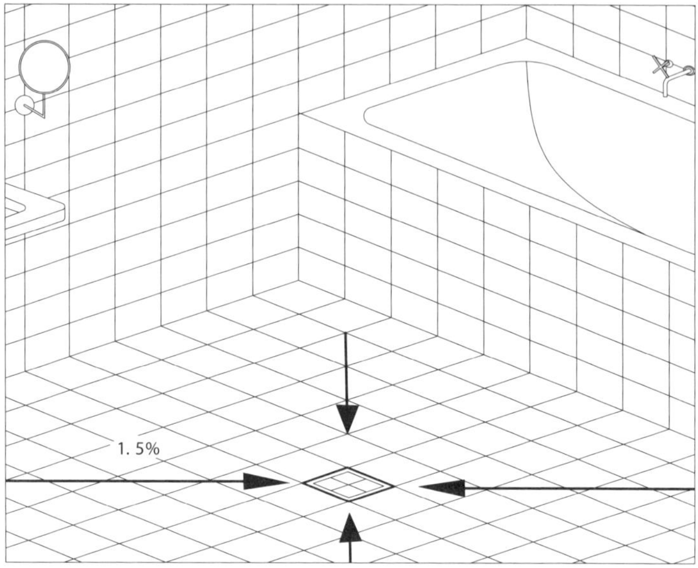

그림 50:
배닥배출의 원리

있다. 그러나 바닥레벨 상부에 있는 각 층에 있는 모든 하수파이프가 홍수방지밸브를 통해서 배출되어야 하는 것은 아니고 그것의 하류방향 흐름에 연결되어져야 한다. 왜냐하면 건물은 다른 점에서 자체의 하수에 의해 넘칠 수 있기 때문이다.

하수의 역류과정
Waste water lifting plants

하수설비는 너무 땅속 깊이에 있으면 하수를 뽑아 올리는 장치에 의해 배수할 수가 없기 때문에 지하공공배수시스템에서 적절히 하강해서 연결된 홍수레벨 아래에 설치된다. 이것이 탱크에서 오염된 채로 또는 정화된 오수관에 연결되어서 홍수레벨의 최상부지점까지 역류방지 승압기를 통해 펌프와 압력파이프에 의해서 공공하수시스템으로 배출되게 된다. › 그림 52 참고 역류방지 승압기의 높이는 하수가 건물 내로 역류할 수 없도록 하는 기준이 된다. 하수는 하수처리장의 배출파이프에 연결된 배수관에 집결시켜서 공공배출시스템에 의해 정상적으로 보내진다.

3.2 하수처리 방식

(1) 분리 및 통합형 배출시스템

하수는 통합 또는 분리형 배출시스템으로 보내진다. **통합형시스템**에서 지역과 산업하수는 우수와 합쳐져 하수시스템으로 보낸다. **분리시스템**에서는 우수

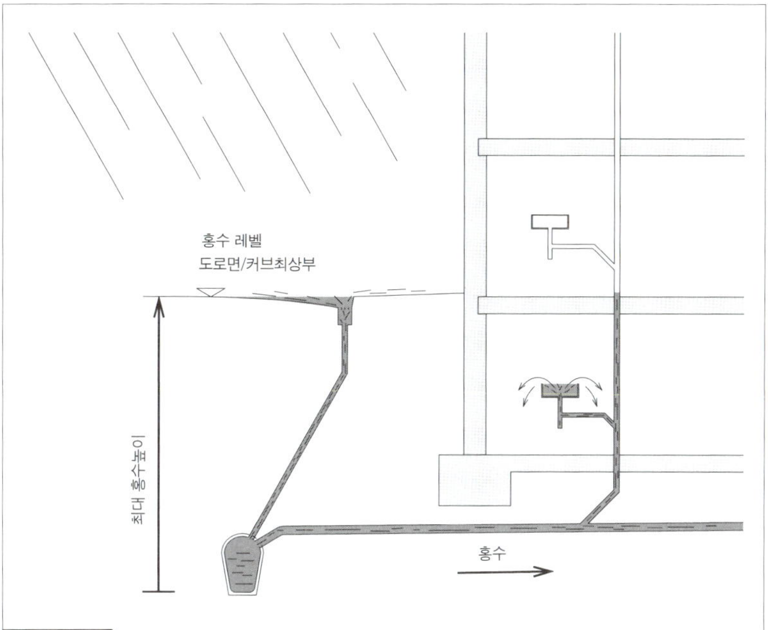

그림 51:
하수의 역류 과정

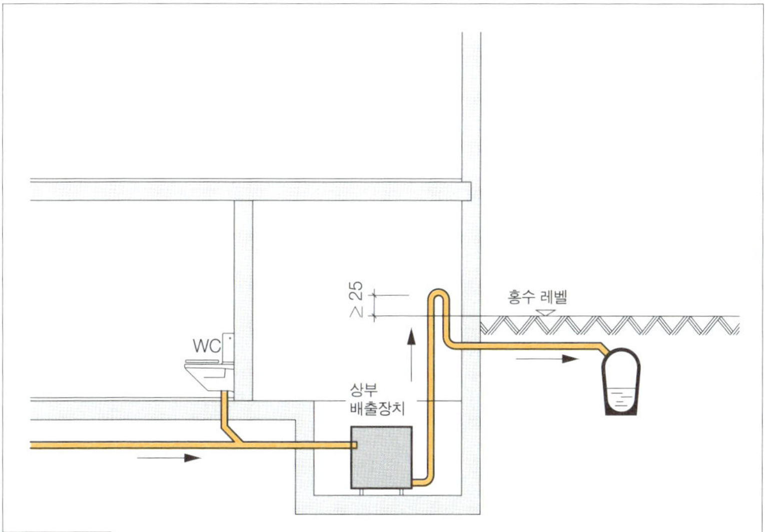

그림 52:
하수 상부배출 장치

를 직접 노출배수 하거나 하천 등으로 빠지는 배수구와 같은 수로로 보내며, 오염된 물만 공공배수관으로 배출한다. 〉그림 53 참고 건물구역 내와 배수파이프장치의 설계에서, 도로면 하부의 공공배수시스템이 통합형으로 되어 있지만 많은 국가들이 미래 어느 시기에는 분리시스템으로 전환할 계획을 갖고 있기 때문에 우수는 하수와 분리해서 처리되게 될 것이다.

이런 이유로 통합된 배수시스템에서 우수가 원래 화장실 오수와 섞일 때 침전된 물은 더러워질 수밖에 없는 것이다. 하수의 양이 급격하게 증가한 결과로 배수시스템에서 배설물이 섞인 물의 양을 줄이고 하수처리 비용을 절약하기 위해서 분리형으로 전환되고 있다. 하수양의 감소와 자연적으로 생긴 지표수 레벨을 유지하는 것은, 우수를 가능하면 건물부지 내에서 배수시키고, 또는 스며서 흘러나가도록 해야 하는 두 가지 이유라고 할 수 있다.

하수의 정화
Cleaning waste water

시의 하수처리장은 하수에서 거친 찌꺼기들을 제거하고 박테리아를 제거해서 생물학적으로 정화시키며, 화학적으로는 인산염, 중금속 그리고 질산염 등을 제거시키게 된다. 〉그림 54 참고 정화 후에 시 하수는 자연수로를 따라 하천 등으로 배출된다. 그러나 복잡하고 비용이 많이 드는 수처리시스템임에도 불구하고 하수처리로부터 발생된 영양분과 공해물질의 초과분이 자연배수로로 유입되어 식물의 성장을 자극하게 된다.

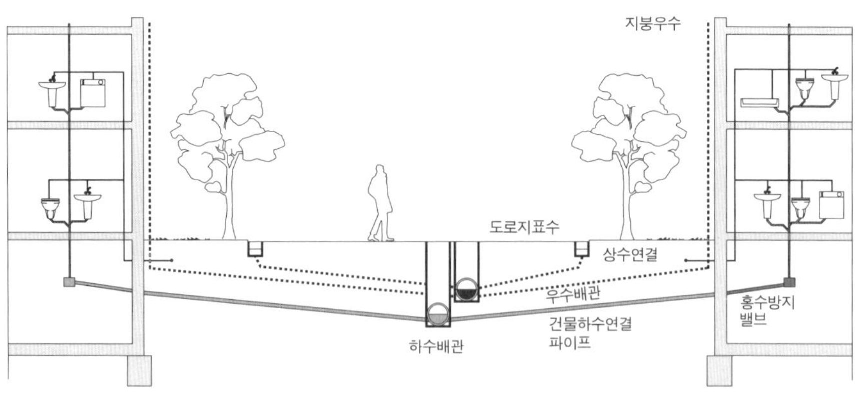

그림 53:
분리형 하수시스템의 원리

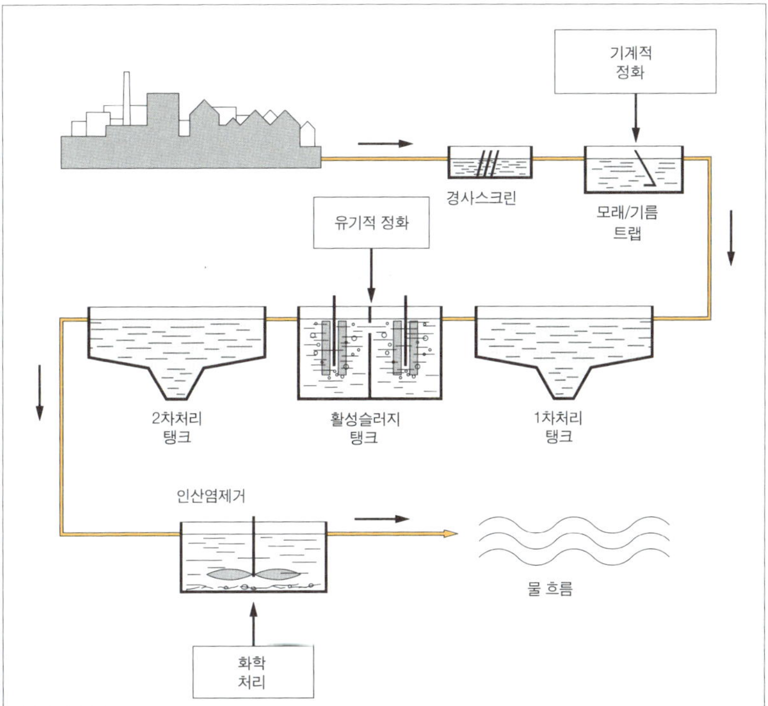

그림 54:
하수처리단계도

(2) 자연 하수처리시스템

자연을 활용하고 비용절감이 되는 방안을 이용하여 하수를 정화시키는 아이디어는 새로운 것이 아니다. 자연히 작동되는 수처리시설은 보통 지역화 된 작은 스케일의 처리시스템이다. 유사한 배열방식이 수년간 시공지역에서 사용되어 왔는데, 그 지역은 공공하수처리시스템까지의 거리상 공급하기 위해 연결하는 데에 비용효율 면에서 허용범위를 너무 초과하게 된다.

하수처리의 질과 비용의 문제가 증가한다는 것은 분산되어 자연적으로 처리하는 방식이 최근 수년에 걸쳐 환경적인 면을 의식한 계획가에 의해 하나의 선택사항으로 고려되어졌음을 의미하고 있다. 많은 생태형 공동주택 개발에서는 갈대로 이용한 수처리 시스템과 유사한 것을 사용하고 있다. 이는 계획부지 내에서 발생하는 모든 물을 정화시켜 준다. 이러한 시스템은 우리의 자연적인 수환경 순환에 대해 생태적 인식을 강화하고 개개인에 대한 책임감을 되돌리게 하는 것 등으로 공공하수시스템을 지원하고 있다.

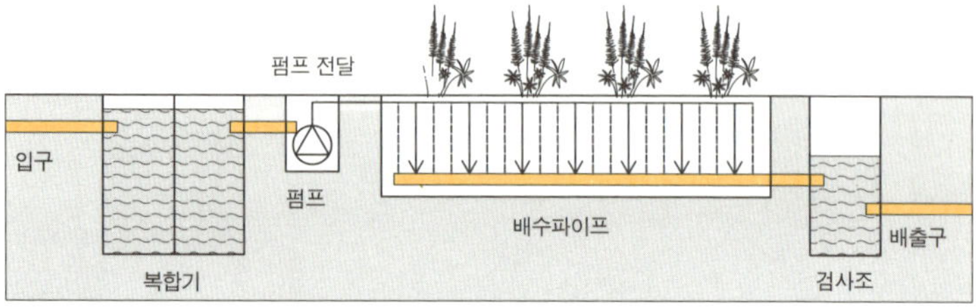

그림 55:
수직흐름을 이용한 갈대습지수처리시스템

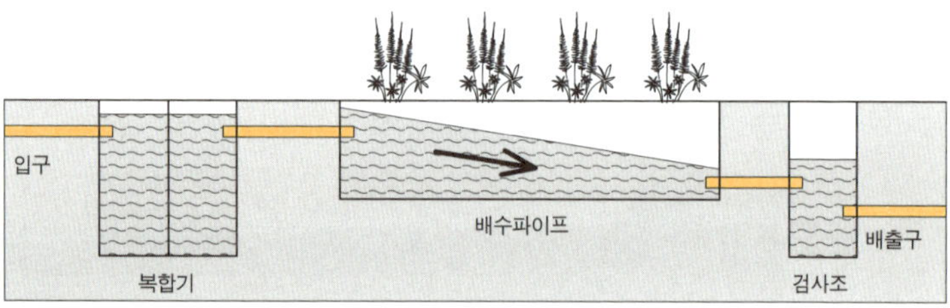

그림 56:
수평흐름을 이용한 갈대습지수처리시스템

자연적인 하수처리과정은 높은 에너지와 전통적인 처리방식에 의한 높은 설치비용이 필요치 않게 되었다. 그러나 그럼에도 불구하고 뛰어난 정화 효과를 보였다. 실질적 하수처리 과정은 부지 외부로부터 유입하는 데 에너지가 거의 필요하지 않지만 그 시스템 자체는 많은 땅면적이 요구된다. 시스템의 설계는 처리해야 할 물의 오염정도네 따라 달라진다.

갈대습지수처리
시스템
reed bed waste
water treatment
systems

갈대습지수처리시스템은 자연 수처리방식으로 매우 잘 알려진 형태이다. 이것은 일반적으로 하수저장 연못 주변에 갈대가 자라고 있고, 그 정화효과는 하수처리장과 생물적 미생물처리에 의해 생산되는 것 중 최고다. 그러므로 물을 정화하는 것은 처리장 자체로만 되지 않고, 정화효과를 갖기 위해 하수에 있는 영양분을 소모하면서 뿌리에서 살고 있는 미생물이 있어야 한다.

그림 57:
보존 연못

하수연못의 바닥은 보통 수직 또는 수평으로 물을 흘려보내는 모래여과장치로 되어있다. 복합조 또는 3개의 방으로 된 정화조는 고형물을 제거하는 바닥면 상부흐름장치가 설치되어 있다. 그 각 실에 공기를 계속해서 통하게 하는 것은 혼합이 발생되도록 해준다.

첫 번째, 샤워나 욕조 또는 화장실의 오물에 의한 가벼운 고형오물은 중력에 의해 분리된 파이프장치 시스템에 따라 오물찌꺼기들이 제거된 매립형 복합기를 통해서 이동된다. 그곳으로부터 하수는 수직흐름원리를 활용하여 갈대습지를 통과하도록 퍼올려지게 된다. 땅면적은 적게 차지하나 여과장치는 한층 깊게 묻히게 된다. 〉그림 55 참고

다른 한편으로, 수평적 흐름방식은 보다 큰 면적이 필요하지만 바닥은 얕아진다. 여기서 더러운 물은 이 시스템을 따라 외부로 서서히 흘러 나가고 갈대습지를 통해 정화된다. 〉그림 56 참고 시스템의 선택은 건물외부의 유용공간에 여부에 따르게 된다. 몇 가지 하수처리방식은 최상의 정화효과를 얻기 위해 2 종류의 방식을 연속시키기도 한다.

갈대습지는 단순히 모래와 자갈의 여과 층으로 되어 있다. 하수의 대부분이 직접 땅 속 여과장치로 흡수되기 때문에 그 지역은 노출된 수면처럼 보이는 것이 아니라 오히려 풀밭과 같다. 여러 단계의 시스템에 의해 만들어진 물은 검사조(ins-pection chamber)를 통과하게 된다. 거기에서 저수조나 보존연못으로 가기 전에 정기적으로 수질검사를 하게 되고 양질임이 확인되면 놀이터로 사용되기도 한다. 〉그림 57 참고 정화된 물은 수세식 화장실의 물로 사용될 수 있음은 물론이다. 〉하수, 하수의 활용편 참고 특히 오염이 심한 하수를 처리할 때, 자연적 하수처리시스템은 적절히 기능

할 수 있는 공간이 절대적으로 필요하다. 그러나 미적으로 양호한 외관을 가진 갈대습지의 자연으로의 가치는 확실히 전통적인 하수처리작업 보다 훨씬 더 호응이 좋다. 갈대습지처리시스템은 전통적 처리과정에 대한 생태적 대안으로써만 보여서는 안 된다. 자연적인 처리시스템은 공공의 배수처리시스템과 거리가 너무 떨어져서 모든 하수를 자체 처리하는 건물에서 완벽하게 처리할 수 있는 것이다.

3.3 우수의 처리

우수는 지붕으로 떨어진 오수로서 침투되지 않고 흘러서 자체의 하수와 함께 처리되어야 하기 때문에 건물에서의 물 순환 과정의 한 부분이 된다.

도시지역에서 단단히 포장처리 된 표면은 우수가 땅으로 스며들어 자연 순환의 지표수가 되게 하는 이상적인 과정을 수행하지 못하게 한다. 대신 배수시스템으로 배관을 통해 처리되게 된다. 〉그림 58 참고 강우가 내리는 동안에는 배수능력이 종종 감당 못하는 경우가 있어서 더 많은 오물이 포함된 오수가 처리되지 못한 채 강이나 호수로 흘러가게 된다.

우수가 빠르게 배수로로 들어가게 되는 것 대신에 현대적인 접근방식은 오염된 물과 섞이지 않게 더욱 천천히 그리고 더 정교한 시스템으로 우수를 처리하고 있다. 적절한 시스템을 선택하는 것은 설계자가 그 지역 우수의 빈도와 양, 지표면의 특징, 하수면 높이 등에 대해 설명할 수 있어야 한다.

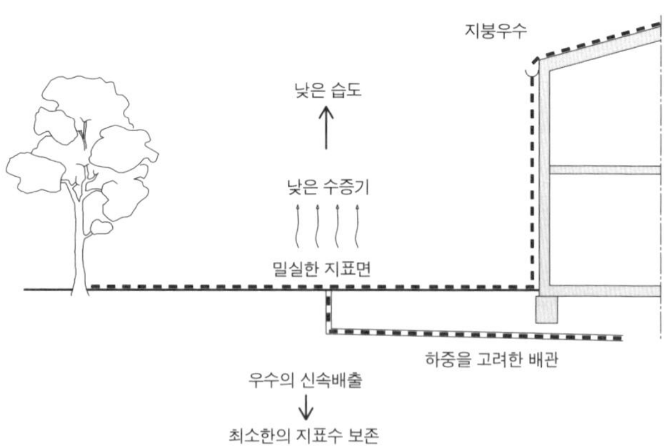

그림 58:
전통적인 우수배출 시스템

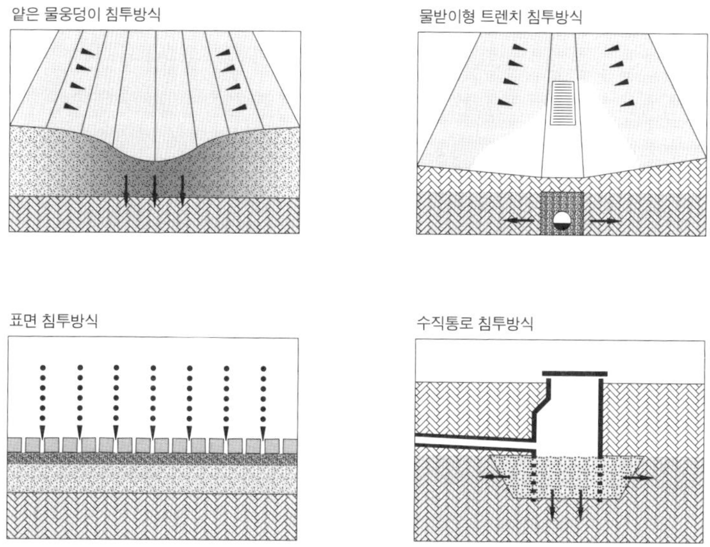

그림 59:
우수의 여과촉진 방식들

(1) 우수의 침투

자연적인 물순환체계를 유지하기 위해서는 개방된 지면이나 보도, 광장, 특히 주거지역 내 등과 같은 표면이 포장되지 않은 지표면은 물이 침투할 수 있는, 예를 들어 잔디밭이나 사력층 같은 것으로 설계되어야 한다. 이것은 또한 표면으로 더 적게 침투하도록 할 수도 있는데 이 때는 우수가 자연적으로 생긴 물길을 따라 땅 속으로 스며들어서 저수면을 상승하도록 한다.

대지의 성질은 우수를 침투할 수 있게 하는 데에서 명확히 나타난다. 땅에 모래가 많을수록 대지에 더 많이 침투하고 별다른 문제없이 자연스럽게 침투가 이루어진다. 흙이 점토질이거나 점토가 많은 경우에는 우수의 침투를 막게 되고 잠시 동안 물을 저장하는 잔디배식 물고랑 형이나 물받이형 트렌치형 또는 피트침투 시스템과 같은 특별한 장치가 필요하다. 〉그림 59 참고 이러한 것들은 우수가 그냥 빠져나가는 것을 지연시키고 강우 시에는 물을 배출하기도 하며 범람할 경우에 배수로를 막아주거나 수위가 최고점에 오면 줄여주기도 한다. 도시의 기후는 우수의 침투에 큰 기여를 한다고 할 수 있다.

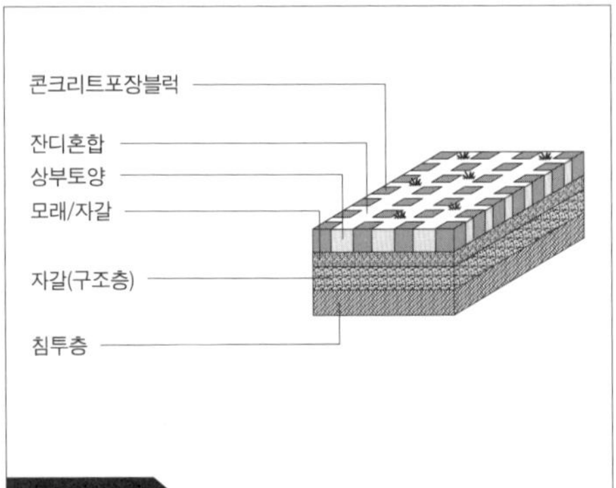

그림 60:
표면침투의 원리

그림 61:
벌집형 잔디포장

경비는 대지에서 통합된 침투시스템에 의해 배수면에서 절약될 수 있다. 그러나 잔디배식 물고랑형처럼 우수용 연못이나 확장형 침투시스템과 결합하여 지붕녹화와 같이 더 많은 복합 보존시스템이 관리와 유지에 필요하다.

표면투수
Surface infiltrotion

표면투수와 함께 우수가 일시적으로 저장되지 않고 바로 대지에 스며들기도 한다. 세포모양의 잔디포장은 표면투수의 방법 중 하나이다. 〉그림 60, 61 참고 또 다른 방식은 투수블럭포장이다. 그리고 이 두 가지는 특히 주차장, 정원, 또는 자동차가 잘 출입하지 않는 곳 등에 유용하게 사용된다. 잔디와 자갈길은 그 하부의 토질이 좋은 경우에는 물론 투수에 도움이 된다. 우수는 대지의 최상부도 표면투수를 통해 초기 세척을 해준다. 이 세척효과는 우수가 기하수가 될 때까지 더 많은 토양층을 서서히 흘러가기 때문에 지속적으로 효과를 갖게 되는 것이다.

얕은 수조의 투수
Shallow basin infiltrotion

얕은 수조나 저습지의 투수는 우수의 배출을 지연시키는 표면투수 방식이라고 할 수 있다. 투수형 수조는 우수가 몇 시간동안 저장될 수 있도록 초지로 덮인 움푹한 공간이다. 〉그림 62 참고 이 시간동안 물은 서서히 침투하여 지하수에 고이게 된다. 얕은 수조투수는 표면투구형 보다 소요 면적이 적다. 30cm 깊이의 물이 저장되는 면적은, 그와 관련된 지붕표면 면적의 10-20% 정도면 된다. 우수는 다양한 토양층을 통과 하면서 깨끗해진다. 투수조는 만드는 비용이 적고 유지비용도 적다. 더구나 그곳은 레저시설이나 녹지공간으로서 조경디자인의 요소가 될 수도 있다.

물받이형 트렌치 시스템
Trough-trench system

물받이형 트렌치시스템은 투수의 두 가지 방식을 결합한 것이다. 잔디포장 침투수조와 자갈로 된 트렌치에는 배수용 파이프가 설치되어 있다. 상부에 약 30cm 두께로는 우수를 저장하고 여과하는 수조층이 있다. 그 수조층을 지나면

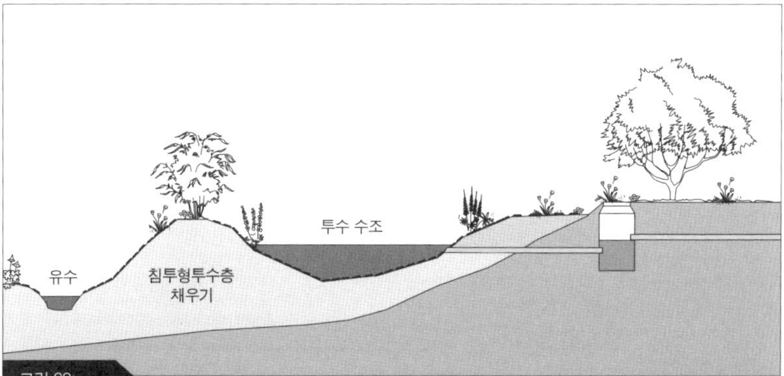

그림 62:
얕은 수조형 또는 저습지 투수

우수가 한 지점으로 모이게 되거나 깬 자갈로 채워지고 직조되지 않은 필터 천으로 된 트렌치가 그 일대를 덮게 된다. 나머지 우수는 배수파이프를 통해 서서히 빠져 나가게 되고 최종적으로 외부하천이나 공공배수시스템으로 흘러가게 된다. 그 방식에서, 이 흐름은 우수가 배출지점에 까지 도달하는 비율을 아주 작게 하기 위해서 다공질파이프를 통해 흘려보낸다. 물받이형 트렌치의 투수는 배수상태가 열악한 대지조건에서 많은 양의 물을 처리하기 위해 아주 적절한 방식이다.

(2) 우수의 보존

보존은 우수를 잡아두는 것이다. 큰 지역이나 도시는 수백만 리터의 하수가 우수의 보존에 의해 저장될 수 있다. 보존시스템은 흐르는 물이 직접 배수시스템에 들어가는 것을 지연시키거나 줄여준다. 그 물은 대부분의 경우에 지붕녹화나 보존연못에 의해 배출이나 흡수가 지연되게 된다. 그 연장정도는 기반재료의 구조 깊이에 따라 달라지며, 지붕녹화는 물이 흘러 내려가기 전에 배수시스템으로 배출량을 줄여 2/3정도의 낙수를 저장하게 된다. 그것은 도시의 기후, 특히 지역의 미기후를 개선시키게 해준다. 그것으로부터 증발된 물은 더운 여름을 식혀주고 먼지를 가라앉혀 준다.

지붕녹화는 넓게 하거나 집약적으로 한다. 넓게 조성한 지붕녹화는 기반깊이가 3-15cm이고, 집약적인 소규모인 경우는 15-45cm의 깊이가 필요하다. 지붕녹화의 이 두 가지 방식은 식물의 뿌리가 구조체에 영향을 미치지 못하도록 기존의 지붕막 상부에 하나의 독립된 층을 가지게 된다. 이 층의 상부에는 저장된 물을 배출하기 위한 배출층이 있다. 그리고 마지막에 그 식물층이 있게 된다. 〉그림 63

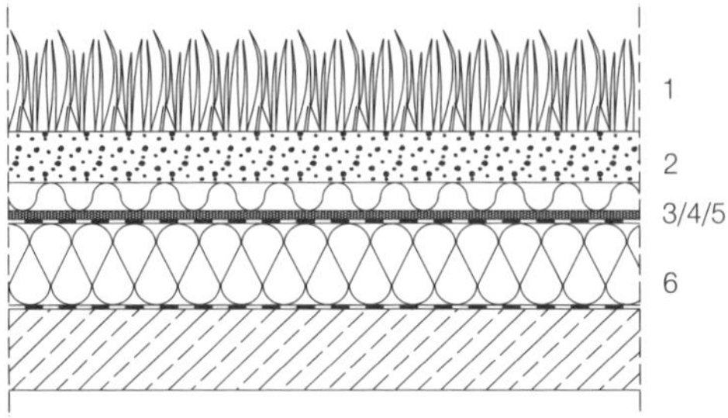

그림 63:
전형적인 지붕녹화의 구조

참고 지붕은 따뜻하고, 춥고, 또는 뒤집을 수 있는 것으로 설계되는데 단열층의 위치와 통풍조건 등에 의해 서로 상이하다.

3-7cm의 기반자재 깊이를 가진 확장형 지붕녹화는 최소한의 물과 필요 영양분으로 이끼와 수분을 많이 가진 녹화를 한다. 더 깊은 토양구조는 잔디 또는 잎이 많은 식물과 같은 식물들에 필요한 낮거나 중간정도의 물이 있어야 한다. 확장형 지붕녹화는 속성형 잔디와 4계절형, 또는 울창한 종의 식물 등으로 구성된다. 그 기반이 깊어질수록 지붕은 훨씬 효율적으로 물을 저장하고 증발시키게 된다. 다른 측면에서 식재비용과 지붕에 가해지는 하중이 비율상으로 증가되어진다.

평지붕도 지붕구조가 안정적이고, 적절한 방수가 되어 있으며, 기반구조의 추가하중을 지지할 수 있다면 지붕녹화를 할 수 있다. 15도 정도의 지붕경사라면 특별한 안전처리를 할 필요는 없다. 더 급한 경사의 지붕과 지붕의 전단 및 경사로부터 토양이탈을 막도록 예방책이 마련되어야 한다.

지붕 위의 녹화 및 토양층은 기계적으로 물을 정화한다. 그러므로 물탱크에 모아서 화장실 수세를 위한 물로 사용될 수도 있다. 많은 양의 물이 저장되고 일시적인 우수의 1/3만 물탱크로 모이게 되기 때문에 정상적으로는 두 번째 파이프장치가 경제적이기는 어렵다. 배수시스템의 전체적인 안전성이 증가되면 지붕녹화에 의한 우수보존이 급격한 온도변화를 완화해 주고 동, 하절기에 건물의 열 단열을 증가시켜 준다.

보존연못
Retention ponds

보존연못은 일반적으로 연못구조막으로 바닥을 밀실하게 한다. 그것은 일반적인 투수조나 저습지와는 다르기 때문에 항상 그 안에 물이 있다. 자연서식지로 설계된 보존연못은 식재된 둑이 있고 다양하고 풍부한 야생 환경이 조성되어 제공되고 있다. 우수는 주로 지붕에서 연못까지 작은 수로로 만들어진다. 강우시

그림 64:
디자인으로 멋을 낸 우수 배수로

에는 연못이 넘쳐서 종종 인접한 투수조에 채우기도 한다. 보존연못은 주거지 개발에서 공공적인 개방공간 설계에 중요한 형태이다.

우수의 설계
Designing with rainwater

우수의 투수나 보존 작업의 요소는 오픈스페이스와 휴식공원의 효용가치를 제고시켜 준다. 지하배수를 사용하는 대신에 개방된 수로나 하천을 따라 흐르는 물은 사용자들의 전반적인 경험을 활용한다는 점에서 의심할 여지가 없을 것이다. 〉그림 64 참고

\\ 참고:
오픈스페이스 계획에서 물의 사용에 대한 제안과 조언은 다음에서 찾아볼 수 있다.: Axel Lahrer, Basics Designing with Water, Birkhauser Verlag, Basel 2008.

3.4 하수의 재활용

상수의 처리방안이 오염도의 증가에 따라 점점 더 많은 비용이 들게 된다는, 그리고 여전히 양질의 상수는 매우 한정된 지역에서만 필요하다는 관점에서 수백만 입방미터의 우수와 하수를 이용하지 않고 배수시스템에 흘려버리는 것은 이해하기 어려운 일이다. 최근 수년간 상수를 대신하여 우수나 중수를 활용하려는 여러 가지의 개념이 증가추세를 보이고 있다.

(1) 우수의 활용

우수의 사용은 상수를 절약하고 배수시스템과 정수처리장의 부담을 줄여주게 된다. 중금속이 포함되어 있지 않고, 다른 독성물질이 없는 경우 변기의 수세, 정원 물주기, 기계세척 등에 사용될 때 위생상 위험은 전혀 없다고 할 수 있다. 물이 폭포처럼 되는지 흘러넘치는 수면인지에 따라 우수와의 동동성 여부가 달려있다. 예를 들어, 지붕표면은 가로의 먼지와 새의 분비물 등으로 오염될 수 있으므로 미생물이 풍부하다. 자동차 전용도로나 주차장의 배수는 가솔린이나 다른 기름찌꺼기가 공해를 일으키기 때문에 사용하기에 아주 적당치 않다. 이 경우 우수를 사용하지 않는 것이 더 낫다. 비교적 덜 복잡한 건물에서 우수활용시스템의 구

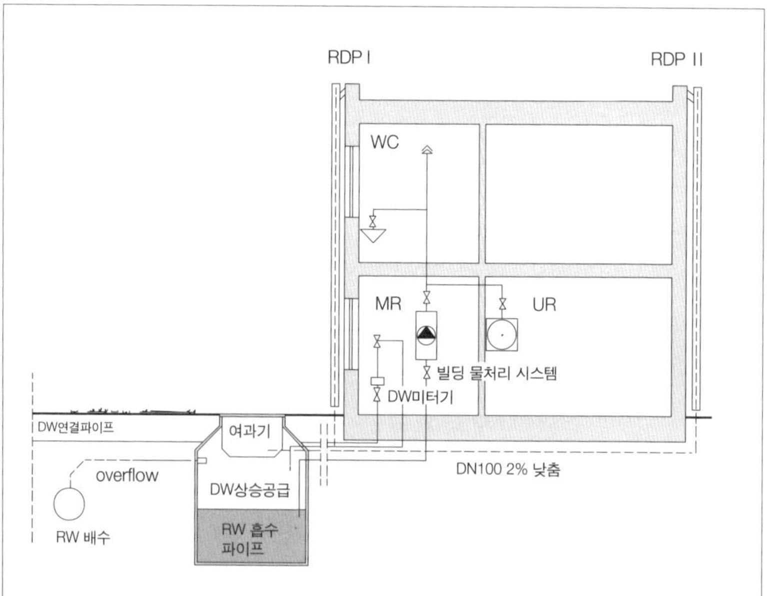

그림 65:
우수활용 시스템의 파이프 계획

그림 66:
우수활용시스템 기본 구성요소

성요소를 설계하는 것은 언제나 가능하다. 〉그림 65, 66 참고

지붕집수면적
Roof collection area

우수를 모으는데 사용되는 지붕표면의 크기와 특성은 수집과 활용의 지표가 된다. 지붕면이 완만하면 많은 양의 우수가 배출될 수 있지만 다공질 재료로 축조되어 있으면 물의 일부는 흡수되고 증발된다. 진흙타일, 콘크리트 지붕포장이나 슬레이트 등과 같은 모든 사용 가능한 지붕재료는 우수를 모으는데 적절하다. 금속지붕으로 부터 우수를 모으는 것은 세척기계가 우수활용시스템과 연결되어 있을 경우에 물을 오염시틸 우려가 있다. 금속지붕에 모인 우수가 화장실 수세에만 사용된다면 큰 해가 있지는 않을 것이다.

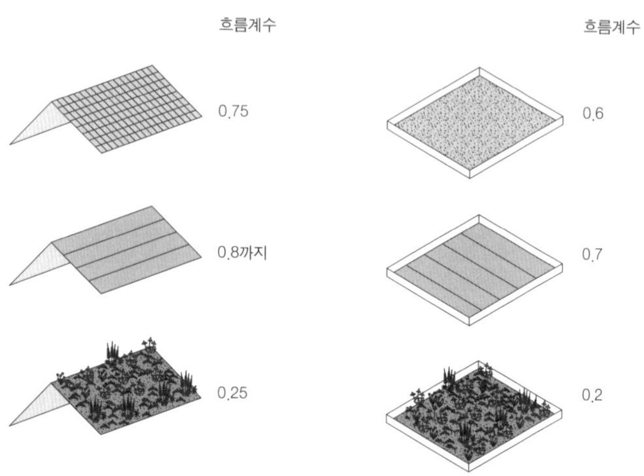

그림 67:
지붕형태에 따른 우수흐름 계수

저수탱크에 보내지는 우수의 양은 강우의 집중도와 빈도에 따라, 지붕의 흐름계수에 따라 달라진다. 흐름계수가 0.75면 지붕에 떨어져서 배수관을 통해 저수조로 보내지는 양이 우수의 75%라는 것이다. 흐름계수는 0.0에서 1.0 사이로 지붕재질에 따라 달라진다. 부드러운 재질의 지붕일수록 흐름계수는 더 높아진다. › 그림 67 참고

집수탱크저수조
Collection tank cisterns

집수탱크는 정상적으로는 배수파이프와 여과기를 통해 지붕에서 흘러 내려서 모아지고 저장되는 저수조를 말한다. 저수조는 크기와 설치위치가 다양하다. 매설된 저수조는 건물에 지하층이 없을 때 설치된다. 불투명 플라스틱으로 제작된 탱크는 박테리아와 미생물이 발생되지 않도록 차갑고 어두운 지하실에 설치된다. 저수조는 1000리터 크기까지 다양한 크기가 가능하다. 매우 많이 사용되는 여러 종류의 플라스틱 탱크는 두 개를 함께 쓸 수 있고, 매설용 방수 콘크리트 탱크는 어떤 크기의 것이든 필요에 따라 제작설치 할 수 있다.

창고용량의 설계는 우수의 유입과 필요에 따라 산정되어진다. 지역별 강우지도는 기상청에서 입수할 수 있는데 그것이 우수의 산정에 사용된다. 예를 들어, 독일에서의 강수는 그 지역에 따라 600-800mm가 내린다. 평균 건기는 21일이다. 우수 유입의 산정은 지붕면적과 지붕재료의 흐름계수에 기초하게 된다.

연간 우수 유입량 산정 l/a :

집수면적(m^2) × 흐름계수(w) × 연간 강수량(mm/a)

서비스 소요수량 산정 l/a :

1인당 일일요구량 × 사람수 × 365일

저수조의 필요 저장용량 l :

$$\frac{\text{서비스 소요량} \times 21\text{일}}{365\text{일}}$$

우수 산출량과 서비스 소요량 사이의 균형관계는 연간 산출량의 약 5%를 용량의 저장이 적절한 것으로 증명되었다.

상수공급과 분배
Drinking water supply and distribution

건조한 시기 동안에는, 개방되어 있고 동결방지 처리 된 배출구가 직접 저수조나 건물 내에 있는 자체 물 저장고 안으로 통하여 공공상수를 공급받아 끌어올릴 수 있게 된다. 내부 물 저장고는 우수 배출을 위한 펌프, 제어기, 압력계 등과 안정장치 등을 포함하고 있다. 상부까지 채워져 있는 동안에는 상수파이프 장치가 공공의 공급에서 상수를 우수와 직접 연결되도록 하지 말아야 한다. 비상용 저장수가 공공배수시스템으로 넘쳐흐르는 과정을 통해 저수조가 수용할 수 없는 초과된 물을 내 보낼 수 있도록 되어야 할 것이다.

(2) 중수(Gray water)의 재활용

불침투성이 강한 도심지역 같은 곳은 일반적으로 갈대습지하수처리시스템과 같은 공간을 만들만큼 공간이 충분치 않고, 생물학적 중수처리시스템은 얕은 지표수를 정화하는 데에 적절한 방식이라고 할 수 있다. 그것은 건물 지하에 설치되는 것이 가장 좋고, 보통은 여러 가지의 시스템 구성요소 특히 정화과정에 적합하게 선정되고 정리된 것들과 결합된 형태를 가지게 된다. 이 시스템은 활용 가능한 공간의 크기, 사용자 수 그리고 예산을 고려하여 설치된다. 이 시스템으로 오수는 분리되어 공공하수처리시스템으로 배출되게 된다.

\\ Tip:

우수의 사용을 위해서는 지붕의 면적이 도면작업상으로 산정되어야 한다. 이 경우는 상부로부터 지붕을 본 광경을 말한다.

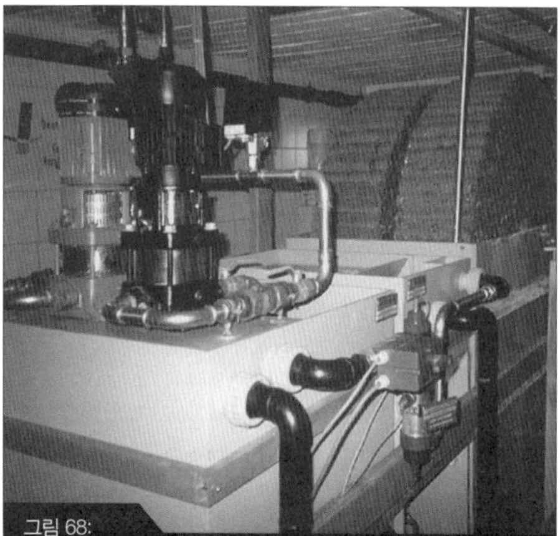

그림 68:
생물적 침투접촉 시스템

회전형 생물적 침투접촉기
Biological immersion contactor system

전형적인 생물적 침투접촉시스템은 침전탱크와 저장탱크 내의 기계세척시스템 그리고 버킷휠 등으로 구성되어 있다. 이것은 중수를 계속해서 회전형 생물적 침투접촉기로 보내준다. 〉그림 68 참고 이는 대부분의 세척작용에 효과적이고 미생물의 카펫으로 되어 식물지역임을 나타내는 폴리에틸렌 필터로 구성되어 있다. 이 침투접촉기는 분당 0.5 주기의 속도로 회전하며, 항상 반 정도는 하수탱크로 침투하도록 되어있고, 나머지 반은 공기와의 접촉을 통해 미생물에 산소를 공급하게 된다. 침투접촉기에서 지속적으로 성장하고 있는 생물은 적당한 경로를 통해 회전체로부터 스스로 부착되고 탱크 바닥에 침전되는 이러한 과정에 의해 만들어 진다. 여러 정화 단계가 완성된 후에 정화된 하수는 더 이상 부패되지 않고 서비스 물로서 사용되게 된다.

여과막시스템
Membrane filter systems

중수처리의 또 다른 방식은 여과막시스템이다. 이는 먼저 유기물질들을 제거하기 위해 산소를 공급하고, 미생물을 사용해서 매쉬를 관통하게 하여 중수를 기계적으로 사전세척하고, 하나하나가 조밀하게 되어 있는 여러 개의 유기막을 통과 하도록 함으로써 물을 정화시킨다. 여과막시스템은 밀착된 시스템이며 지하실의 좁은 공간에서 간단히 설치될 수 있다.

중수의 순환은 가장 친환경적 하수처리시스템 중의 하나이다. 추가로 우수를 활용하는 데에 더 많이 사용되며 상수를 정수하고 먼 거리를 이송시키는 데에 드는 비용을 절감할 수 있다. 더구나 하수의 양 절감과 처리작업의 부담도 준다. 처리된 물이 여과되면 지하수가 다시 채워지고 자연적인 물 순환작용이 이루어지게 된다.

하수처리와 환경적 대안 마련은 정화된 하수가 자연수로 되돌아오게 됨으로써 물 순환의 최종단계와 연결된다. 상수를 회복시켜 건물에 재공급하는 과정이 이 순환작용이 시작되게 한다고 할 수 있을 것이다.

4. 결론

물을 공급한다는 주제의 탐색은 우리가 상수와 하수를 처리하는 방법이 다양하고 그 범주도 아주 넓음을 알게 해 주었다. 더 나아가 복잡하고 세심한 계획과 설계가 건축가에게 요구 되었으며 여기에는 상, 하수 배관시스템, 관련 위생설비와 장비, 건물의 효율성 등을 포함하고 있다.

그러나 우리가 현재 에너지 절약형 건물에 대한 요구를 하듯이 수자원을 활용하는 데에 지속적인 개발을 이루려면 아직 해야 할 일이 많이 남아있다. 포괄적인 해결방안은 장기적으로 물 순환체계의 안정성을 확보하는 것과 부담요인을 피하는 것이 필요하다. 그것은 만약 비가 부족한 나라에서 일시적으로 또는 장기적인 건조 상황이 전개될 때 더욱 그렇다. 점점 더 복잡해지고 비용이 증가하는 상수의 정화와 처리기술의 개발을 대신해서 지하수로 유입되는 과정에 공해물질이 섞이지 않도록 하기 위한 가능성의 확인에 관심을 가져야 한다. 이러한 과제를 성취하기 위해 건물 설계자에게 위임한 것 이외에 복잡한 기준이 필요하다고 할 수 있다.

이러한 관점에서 건축가는 물이 어떻게 사용되며 건축주에게 어느 시점에 건물 내에 적용 가능한 범위는 어느 정도인가를 지적하고 상담하느냐에 따라 시행에 영향을 줄 수 있다. 즉 아름답게 디자인 된 욕조에 만 관심을 둘 것이 아니라 어떻게 물을 더 절약해서 사용할 수 있는지 그리고 하수가 만들어지는 양을 줄일 수 있는지 등등이 그것이다. 상수 사용을 줄이는 간단한 방법은 물 절약형 수전의 사용과 우수의 활용에 대한 더욱 확장된 범위의 계획 작성, 여러 가지 하수활용 방안 마련, 기존의 상수사용을 대체해서 우수를 친환경적으로 정화하고 하수처리 기술을 활용하는 것 등이다. 더구나 그들은 우리의 소중한 상수원을 지속적으로 보존하는 방법을 모색하고 있다. 미래에는 비용과 환경보호의 측면에서 각 지역에서의 개발은 한층 수자원과 에너지 보존이 더욱 강조된 장소로서의 개발이 많아질 것이다. 상수를 가열하기 위해 태양열을 이용하는 시스템은 이러한 원리를 뒷받침하는 방안 중의 하나이다. 의지만 있다면, 우수와 중수의 사용에 대한 개념이 신속하고 용이하게 시행될 수도 있을 것이다. 개별적으로는 그것들이 그렇게 큰 영향을 주는 것으로 보이지 않을 수도 있지만, 전체적으로는 이러한 기준들은 수자원 보호와 물 순환체계의 안정성에 상당히 기여하게 될 것이다.

부록

참고문헌

John Arundel : *Sewage and Industrial Effluent Treatment*, Blackwell Science, Oxford / Malden, MA, 2000

Tanaj Brotrück : Basic Roof Construction, Birkhäuser Verlag, Basel, 2007

Committee on Public Water Supply Distribution Systems, National Research Concil of the National Academies : *Dringking Water Distribution Systems : Assessing and Reducing Risk*, National Academies Press, Washington, DC, 2006

Klaus Daniels : *Technology of Ecological Building*, Birkhäuser Verlag, Basel, 1997

Herbert Dreiseitle, Dieter Grau (eds.) : *New Waterscapes-Planning, Building and Designing with Water*, Birkhäuser Verlag, Basel, 2005

Herbert Dreiseitle, Dieter Grau, Karl Ludwig (eds.) : *Waterscapes-Planning, Building and Designing with Water*, Birkhäuser Verlag, Basel, 2001

Gary Grant : *Green Roofs and Facades*, IHS BRE Press, Bracknell, 2006

Institute of Plumbing (ed.) : *Plumbing Engineering Services, Design Guide*, Institute of Plumbing, Hornchurch, 2002

Margrit Kennedy, Declan Kennedy (eds.) : *Designing Ecological Settlements : Ecological Planning and Building*, Cap. Water, Reimer Verlag, Berlin, 1997

Heather Kinkade-Levario : *Design for Water : Rainwater Harvesting, Stormwater Catchment and Alternate Water Reuse*, New Society Publishers, Gabriola Island, BC, 2007

Axel Lohrer : *Basics Designing with Water*, Birkhäuser Verlag, Basel, 2008

Frank R. Spellman : *Handbook of Water and Wastewater Treatment Plant Operations*, Lewis Publishers, Boca Raton, FL 2003

Ruth F. Weiner, Robin A. Matthews : *Environmental Engineering*, 4th ed., Butterworth-Heinemann, Amsterdam/London 2003

Bridget Woods-Ballard et. al. : *The SUDS Manual*, CIRIA, London, 2007

기술기준

EN 752	건물 외부의 배수와 (오)하수시스템
EN 805	물 공급 - 건물 외부의 시스템과 구성요소의 요구조건
EN 806-2	사람이 소비하는 물의 건물 내로 유입이동을 위한 설비 시방서
EN 1717	물 설비에서 휴대용 물의 공해방지와 역류에 의한 오염 방지를 위한 장치의 총괄 조건
EN 12056	건물 내에서의 중력배수시스템
EN 12255	하수처리장, Part 5 : 하수처리장, 연못조성

그림출처

사진 :

Doris Haas-Arndt

도표 :

Jenny Pottins

Simon Kassner

Helen Weber

Sebastian Bagsik

Indira Schadlich

역자 소개

반상철_홍익대 · 홍익대 · 홍익대
서원대학교 조형환경학부 건축학과 교수.

Basics
WATER CYCLES
물 순환의 기초

Doris Haas - Arndt 저
반상철 옮김

1판 발행 2012년 1월 31일 발행

발행인 겸 편집장 김기현
발행처 시공문화사 *Spacetime*
등 록 1993년 3월 12일
주 소 서울시 서대문구 현저동 200 극동빌딩 5층
전 화 02) 3147-1212, 2323
전 송 02) 3147-2626
ISBN 978-89-5592-214-1
http://www.spacetime.co.kr
spacetime@korea.com

정가 9,500원

최근의 건축 법규들과 기준들, 그리고 재료와 기술에 있어서의 발전들을 그 기초로 활용함으로써, 이 책은 터파기와 기초공사부터 내 · 외장 마감공사까지 전 범위의 시공 활동들을 다루며 경량 목조 프레임, 조적조 내력벽, 철골, 그리고 철근콘크리트 구조와 같은 일반적인 시공 체계들을 살펴본다.

FIFTH EDITION

건 축 설 계 자 를 위 한

건축시공 및 재료학

Fundamentals of Building Construction

Edward Allen and Joseph Iano 지음 이한승 대표역자

WILEY Spacetime